HANDBÜCHER DER KÖNIGLICHEN MUSEEN ZU BERLIN

DIE MUSIKINSTRUMENTE INDIENS UND INDONESIENS

ZUGLEICH EINE EINFÜHRUNG IN DIE INSTRUMENTENKUNDE VON

CURT SACHS

MIT 117 ABBILDUNGEN IM TEXT UND EINER KARTE

BERLIN 1915 DRUCK UND VERLAG GEORG REIMER

Vorwort.

Das indische Musikinstrumentarium ist bisher weder von ethnologischer noch von musikwissenschaftlicher Seite im Zusammenhang erforscht und geschildert worden. Nur einzelne Ausschnitte haben eine mehr oder minder eingehende Behandlung erfahren; so — um nur die wichtigsten zu nennen — das südliche Vorderindien durch C. R. Day, das französische Hinterindien durch G. Knosp, Java durch J. Groneman und Bengalen in kleineren Arbeiten durch S. M. Tagore, dem eine große Zahl europäischer Instrumenten- und Völkerkundesammlungen das Wesentliche der nordindischen Tonwerkzeuge zu verdanken hat. Da überdies von deutscher Seite überhaupt noch nicht das Wort ergriffen worden ist, hat die Generalverwaltung der Königlichen Museen den unterzeichneten Vertreter der Musikwissenschaft mit der Bearbeitung der besonders reichen Sammlung indischer Instrumente im Berliner Völkerkundemuseum beauftragt. Der Verfasser folgte der Aufforderung zum Abfassen eines Handbuches um so lieber, als gerade die Instrumente der indischen Welt vom Fünfstromland bis hinüber zum Malaiischen Archipel das kulturgeschichtliche und ethnologische Bild dieser Ländermassen in hervorragender Weise vertiefen können, darüber hinaus aber auch einen orientierenden Überblick über die gesamte Instrumentenkunde zu geben vermögen. Die Bearbeitung des Materials konnte daher so gefaßt werden, daß sie zugleich eine — bisher fehlende — Einführung in die Instrumentenwissenschaft darstellt.

Dies Handbuch stützt sich auf einen beschreibenden Katalog der indischen Instrumente im Kgl. Völkerkundemuseum, der von mir ebenfalls im Auftrag der Generalverwaltung verfaßt ist und veröffentlicht werden wird, sobald es die politischen Umstände gestatten. Die doppelte Verwertung des gleichen Materials berechtigte und verpflichtete mich zur grundsätzlichen Scheidung der Darstellungsarten. Im Katalog ist von jedem Hinweis auf Zusammenhänge abgesehen und der Text auf reine Beschreibungen beschränkt; dafür ist das Handbuch, das ja auf einen weiteren Leserkreis rechnet, nach Möglichkeit mit Beschreibungen verschont worden. Die systematische Grundlage bildet hier wie dort die von mir gemeinsam mit E. M. v. Hornbostel (Zeitschrift für Ethnologie 1914, p. 553 ff.) aufgestellte Klassifikation der Musikinstrumente.

Meine Schreibung der einheimischen Namen weicht aus Gründen der möglichsten Gleichmäßigkeit und Unzweideutigkeit in einzelnen Punkten von den meist üblichen Transkriptionen ab; der Kundige muß sie ohne weiteres verstehen, der Unkundige mag sich an die beigegebenen Aussprachebezeichnungen halten.

Der Verwaltung des Museums kann ich für die Förderung dieses Handbuchs nicht genug danken, vor allem dem Direktor der Asiatischen Abteilung, Herrn Prof. Dr. Grünwedel; für stets gern und gründlich erteilte Auskünfte sprachwissenschaftlicher Natur bin ich den Herren Dr. Stönner und Dr. Jörgensen, beide an der gleichen Sammlung, verpflichtet.

Berlin, im August 1914.

Dr. Curt Sachs.

Inhaltsverzeichnis.

Abkürzungen der häufigsten Sprachennamen.

ann.	=	annamitisch
bat.	=	batakisch
beng.	=	bengâlî
boǰp.	=	boǰpurî
bug.	=	buginesisch
dây.	=	dâyakisch
guǰ.	=	guǰarâtî
hind.	=	hindùstânì
jav.	=	javanisch
kamb.	=	kamboǰanisch
kann.	=	kannaresisch (kanaḍa)
kâśm.	=	kâśmîrî
lâot.	=	lâotisch
mak.	=	makassarisch
mal.	=	malaiisch
malay.	=	malayâḷam
mar.	=	marâṭhi
pañǰ.	=	pañǰâbi
prâkṛ.	=	prâkṛit
sanskr.	=	sanskrit
sant.	=	santâli
siam.	=	siamesisch
tam.	=	tamil̤
tel.	=	telugu.

Einleitung.

Die Musikinstrumente entwickeln sich an allen Orten der Welt von rein gesellschaftlichen zu rein ästhetischen Faktoren. Der Grad dieser Entwicklung steht im umgekehrten Verhältnis zur Kraft der Überlieferung. Bei uns selbst können wir noch aus recht neuer Zeit feststellen, wie etwa die Trompete nur im Dienst regierender Herren und freier Reichsstädte und ausschließlich von privilegierten, zunftmäßig zusammengeschlossenen, reitenden Bläsern gespielt werden durfte, wie sie nach der Aufhebung des Gewerbezwanges im Anfang des 19. Jahrhunderts immer noch kraft der Tradition das Signalinstrument der berittenen Truppen bleibt und von der Infanterie in gleicher Weise durch das Signalhorn ersetzt wird, wie in alten Zeiten von den Stadtpfeifern durch den Zinken; wir sehen sie aber daneben schon seit über zweihundert Jahren im großen Orchester sitzen, zunächst nur für besondere Prunkstücke als Gast zu dritt oder viert mit den Pauken auf einer besonderen Estrade über den gewöhnlichen, profanen Instrumenten, dann in allmählicher Einpassung als gleichgestelltes Glied des Orchesters unter dauerndem Verblassen der assoziativen und stetem Erstarken der rein ästhetischen Funktion: die Trompete ist aus einem »Instrument des Königs« ein »königlich klingendes Instrument« geworden.

Das indische Instrumentenwesen steht in dem gleichen Zeichen; nur, da das Stammesgedächtnis lebhafter, das Volksleben differenzierter ist, halten die Tonwerkzeuge noch näher dem sozialen als dem ästhetischen Pol. Die unaufhaltbare Ästhetisierung, die gleichbedeutend ist mit der Zerstörung wertvoller Kulturgüter und der Verwischung eigenartiger Gepräge, wird der Kulturhistoriker um so mehr bedauern, als sie nicht die Frucht organischer Weiterbildung, sondern europäischer Aufpfropfung ist. Sie findet ihren peinlichsten Ausdruck in dem zunehmenden Einspringen schlechter abendländischer Instrumente für traditionelle einheimische; besonders im Süden macht die Sârangî mehr und mehr der Violine [Abb. 89], die Mukavina der Klarinette Platz, und nicht selten wartet die Mêla, das einheimische Blasorchester, statt mit Mukavina, Nâgaśuram und Śruti mit abgelegten Klarinetten, Flöten und Piccoli auf. Im Vergleich fallen Spielereien wie die bengalischen Verbindungen einheimischer Lauten mit dem Resonanzkörper und dem Zubehör der Violine kaum ins Gewicht, und gar die Anleihen, die schon in älterer Zeit das Instrumentarium des malaiischen Archipels bei dem seiner spanischen und portugiesischen Herren gemacht hat, vermögen das Gesamtbild nicht zu trüben. Immerhin beweisen all diese Erscheinungen, daß bei dem großen Nachahmungstalent der Inder die vielgerühmte orientalische Zähigkeit nicht imstande sein wird, den so unendlich reichen Besitz an Musikinstrumenten zu wahren, und daß in nicht zu ferner Zeit der europäische Hobel auch hier alle Eigenzüge wird abgetragen haben.

Vorläufig hat aber das indische Instrumentenwesen noch sein besonderes Gepräge, und das will sagen, die traditionelle Bedeutung der indischen Instrumente steht noch mehr im Vordergrund als ihre musikalische Leistungsfähigkeit. Jedes Tonwerkzeug fast gehört zu gewissen Gegenden, Stämmen, Kasten, Ständen, Berufszweigen, Ämtern, Würden und Gelegenheiten und verhält sich in dieser Hinsicht zu den abendländischen nicht anders als die differenzierende indische Tracht zur nivellierenden europäischen. Die nordindische Vîṇâ hat nur wenig mit der südindischen zu tun, die pañjâbischen Gegenschlagstäbe gehören ausschließlich der Suthrâ-Kaste an, die annamitische Stieltrommel wird den Mandarinen voraufgetragen, der Nahabat kommt nur besonders privilegierten islamischen und Hindû-Edelleuten zu, die Sanduhrtrommel *ḍamaru* und die Kürbis-Doppelklarinette nur Schlangenbändigern, die Handglocke und die Aufschlagplatte *khâṃsya* sind dem Gottesdienst vorbehalten.

Hand in Hand hiermit geht die Zusammenfassung gewisser Instrumente zu Gruppen oder Orchestern, die ihrerseits — im Gegensatz zum einheitlichen abendländischen Orchester — streng auf besondere Stämme, Klassen und Gelegenheiten beschränkt sind. Man macht sich davon den richtigen Begriff, wenn man etwa an die Mandolinen-Guitarrenensembles der italienischen Wandermusikanten, an die nach bestimmten Überlieferungen zusammengestellten Kapellen der einzelnen militärischen Waffengattungen und an die weihnachtlichen Pifferari-Runden Süditaliens denkt.

Man vergleiche von vorderindischen Zusammenstellungen etwa

Nahabat	Safardâî	Bajânâ
Nahabat (1 Paar)	Sâraṅgî oder Violine (2)	Tamburi (2)
Nâgarâ (2 Paar) eventuell noch andre Trommeln	Mṛdaṅga oder Ṭablâ (1)	Sâraṅgî oder Violine (2)
Karṇâ (1)	Sackpfeife (1)	Mâdalâ (1)
Tûrî (1 oder 2)	Becken (1 Paar)	— — — — —
Becken (1 oder 2 Paar)		Tamburi (1)
Nâgasuram (1 oder 2)		Sâraṅgî (1)
Śruti (1 oder 2)		Mâdalâ (1) [Abb. 89]
eventuell Schnabelflöte (1 Paar)		— — — — —
		Śruti (1)
		Sitâr (1)
		Ṭablâ (1 Paar)
		— — — — —
		Sitâr (1)
		Tâla (1 Paar)
		Ṭablâ (1 Paar).

Im Nahabat, der heute freilich arg verkleinerten Repräsentationsmusik der Großen, haben wir ausschließlich Blasinstrumente, Kesseltrommeln und Becken, westliche Einfuhrartikel, die wie alles Persische an den Höfen Indiens hoch im Kurs standen. Die Tonwerkzeuge der Safardâî, die den Nâč (Bayaderen) als Begleitung dienen, sind dagegen überwiegend einheimisch; die fakultativ an Stelle des altehrwürdigen Mṛdaṅga zugelassene westasiatische Ṭablâ macht durchaus einen unzugehörigen Eindruck. Dazwischen sehen wir in den Bajânâ's, denen die Musik bei den einzelnen Versammlungen der Kasten obliegt, Zusammenstellungen altindischer und persischer Instrumente mit dem Schwerpunkt bald nach der einen, bald nach der anderen Seite.

Ähnliche Bilder entstehen in Hinterindien und Indonesien. Bei den hinterindischen Nationen, bei denen ja die alte Staatenbildung einheitlichere Kulturen begünstigt hat, nähert sich das Orchesterwesen dem europäischen. Die Zusammenstellungen sind für orientalische Verhältnisse sehr groß und unterscheiden sich im wesentlichen durch die Ausschließung oder Einbeziehung der Saiteninstrumente, je nachdem sie für Musiken im Freien oder im geschlossenen Raum bestimmt sind. Unsere Abbildungen birmanischer, siamesischer und kambojanischer Kapellen [Abb. 1—4] vermitteln die Bekanntschaft mit den wesentlichsten Kombinationen.

Im Archipel gibt es wieder eine Unzahl nach Stämmen und Gelegenheiten differenzierter Zusammenstellungen. So haben allein die Atjeh auf Sumâtra vier verschiedene Orchesterarten: das Sulin-Orchester, aus 1 Flöte, 1 Trommel

Abb. 1. Birmanisches Orchester.

Vâ-let-kyot Vâ-let-kyot Pat-mah Hne 'Tshaiṅ-vaiṅ Ya-gvin Hne Kyè-vaiṅ

Abb. 2. Birmanisches Orchester.

Hne — Vâ-let-kyot — Than-lvin

Hne — Ya-gvin — Vâ-let-kyot

Kyè-vaiṅ — Tshaiṅ-vaiṅ — Pat-mah

und 2 Gongs, für die Stiergefechte, das Gönděraṅ-Orchester aus 2 Faßtrommeln und 1 Oboe, für die Züge zu den heiligen Gräbern, das Haröbab-Orchester, aus einem Rĕbâb und 2 oder mehr Trommeln, für die Pantun's (Heldengesänge) der Atjeh, und das Violinorchester, aus 1 europäischen Violine, 5 oder 6 Rahmentrommeln und 1 Gong, für die Begleitung der malaiischen Pantun's.

Daneben begegnet aber auf Java die sonderbare Erscheinung eines umfangreichen Normalorchesters, das in zwei Formen zwei Etappen der Entwicklung des javanischen wie überhaupt des menschlichen Tonsystems darstellt. Diese Formen sind der Gamĕlan salèndro und der Gamĕlan pèlog. Im ersten, archaischen, sind alle Instrumente, Xylophonstäbe, Flöten, Oboen usw., derart gestimmt, daß die Oktave in fünf gleiche Stufen zerfällt, im zweiten, moderneren, derart, daß auf die Oktave sieben ungleiche Stufen kommen; statt unserer wechselnden Ganz- und Halbtöne finden wir also im pentatonischen Salèndrosystem durchweg $^6/_5$, im heptatonischen Pèlogsystem kleinere Töne. Diese Trennung könnte für die vorliegende, grundsätzlich morphologische Arbeit bedeutungslos sein, wenn sie nicht eben auf die Gestalt der Instrumente Einfluß hätte: Pèlog-Xylophone haben mehr Stäbe, Pèlog-Flöten mehr Grifflöcher als Salèndro-Xylophone und Salèndro-Flöten usw.

Es mag mit dem hohen Alter des javanischen Orchesters [Abb. 5, 6] zusammenhängen, daß eine besondere Tradition in der Verfertigung der Gamĕlaninstrumente existiert. Auf Java gibt es Handwerker, die tatsächlich all diese Tonwerkzeuge — mit Ausnahme der metallenen — herstellen, die also in einer Person die Gewerbe von Geigen-, Flöten-, Oboen-, Zithern- und Xylophonmachern vereinigen.

Im übrigen kann von einem eigentlichen Instrumentenbau als einem selbständigen Gewerbe im modern-europäischen Sinne in Indien kaum die Rede sein. Soweit es sich um Naturvölker handelt, schnitzt sich ein jeder selbst sein Gerät, und eine der ostbengalischen Zupftrommeln im Museum, deren Hauptbestandteil eine Konservenbüchse ist, zeigt, daß man mit den Mitteln nicht immer wählerisch ist. Diese Völker stehen auf der Stufe des Knaben, der sich im Weidengebüsch einen passenden Ast aussucht und aus dem abgehauenen Holz nach uraltem Rezept seine Pfeife schnitzt.

Die vorderindischen Kulturvölker haben die Arbeitsteilung auch auf ihre Musikinstrumente ausgedehnt, und selbst so urwüchsige Lärmwerkzeuge wie die kleinen Korbrasseln aus Palmblättern entstehen nicht unter den Händen der Hindûkinder, die sich ihrer bedienen, sondern werden schon fertig vom Stamme der Kañĵâr geliefert. Freilich findet man auch

Abb. 3. Siamesisches Theaterorchester.

Tăphòn Khoṅ-voṅ Kloṅ-yai Māṅ

bei diesen Kulturvölkern kaum eigentliche Instrumentenspezialisten. Gerade wie in Europa noch im neunzehnten Jahrhundert der Instrumentenbau fast ausschließlich im Nebenfach von den Meistern verwandter Handwerke wahrgenommen wurde, der Flötenbau also von Drechslern, die Trompeten- und Paukenfabrikation von Schmieden und Klempnern, die Lautenerzeugung von Tischlern usw., so ist auch in Indien die Herstellung von Tonwerkzeugen kaum jemals von der Herstellung andrer Gegenstände des gleichen Materials verschieden. Die Topographie des Instrumentenbaus ist daher von den besonderen Bedingungen des Handwerks durchaus abhängig, vor allem von den Rohstoffen, deren Gewinnung an bestimmte Gegenden gebunden ist, und von der hier und da etwa vorhandenen Tradition ihrer Bearbeitung. Wenn Tanjore für ganz Südindien der Vorort des Mṛdaṅga- und Sârindâbaus ist, so hat es das seinem Reichtum an Brotfruchtbäumen (*Artocarpus integrifolia*) zu verdanken; Channapatna versorgt als alte Pflegstätte der Drahtzieherei das ganze südliche Indien mit feinen Metallsaiten, und der schwunghafte Trommelfellexport der Kañjâr ist die moderne, ins Wirtschaftliche umgeschriebene Form eines uralten Trommelkultus.

Metall ist das einzige Material, das eine eigene, oft als Geheimnis von Geschlecht zu Geschlecht überlieferte Kunst der Bearbeitung verlangt, um überhaupt einen musikalisch brauchbaren Klang herzugeben. Die Schwierigkeiten der richtigen Mischung, des ausreichenden Schlagens und des sorgfältigen Stimmens haben an vielen Orten zur Errichtung eigener Gießhütten, namentlich für Gongs, geführt [Abb. 19]. Birma und Java mit der berühmten Gongstadt Sĕmáraṅ stehen hier obenan. Asien ist in der Herstellung dieser Instrumente derart leistungsfähig, daß es selbst der europäischen Industrie bisher nicht gelungen ist, in Wettbewerb zu treten; wer bei uns brauchbare Stücke haben will, muß sie sich aus dem Orient, aus der Türkei, Indien oder China beschaffen.

Die ideale Klangkraft, Klangschönheit und Stimmungsreinheit der Gongs wird freilich kaum von andern Instrumenten der indischen Welt, namentlich nicht von den Saiten- und von den Luftinstrumenten auch nur annähernd erreicht. Es ist ja klar, daß Nichtspezialisten selten ein eigenes Interesse für das rein musikalisch Erforderliche aufbringen. Der Drechsler wird sich mehr für das kunstgerechte Abdrehen, für das phantasievolle Ausschnitzen, der Tischler mehr für das untadelige Schneiden und Zusammenfügen der Holzteile als für das Aufsuchen der akustisch wirkungsvollsten Abmessungen einsetzen. Überall da, wo künstlerisch wirklich hohe Ansprüche gestellt werden, etwa bei der Vîṇâ, muß der Musiker selbst nachhelfen.

Bis zu einem gewissen Grade fehlt auch in den Gegenden, die uns hier beschäftigen, das Bedürfnis für Qualität. Die Instrumentalmusik hat längst nicht die Bedeutung der unseren, da sie theoretisch wie praktisch hinter dem Gesang zurücktritt; sie ist im wesentlichen — soweit es sich um Innenräume handelt — auf Begleitung und im Freien auf derbere Wirkungen beschränkt.

Es ist aber vielleicht noch ein tieferer Grund da: je größer die Fähigkeit des Spielers, um so nebensächlicher die Qualität des Instruments. Das erscheint paradox, trifft aber für die Verhältnisse exotischer Natur- und Kulturvölker allgemein zu. Jede technische Vervollkommnung steht in Wechselwirkung mit einem Nachlassen der Kunst-

Abb. 4. Kambojanisches Frauenorchester (*mohori*).

Thoñ — Roneat ek — Roneat dec — Tro khmer — Koñ thom — Čapey thom — Takhê — Klüi — Ronmonea

Abb. 5. Javanischer Gamĕlan.

Goṅ Rĕbab Kĕmpul Bĕdug Kĕtuk

Kĕtuk Saron Gĕndèr Bonnaṅ Kĕnoṅ lanaṅ Gåmbåṅ Bonnaṅ

Kĕnoṅ djapan Kĕtuk Kĕndaṅ

Abb. 6. Javanisches Schattenspielorchester.

Goṅ Rĕbab Bonnaṅ
Kĕmpul Kĕndaṅ Gĕndèr Gâmbâṅ Saron
Goṅ Bĕndé

fertigkeit. Man sieht den primitiven Flötisten auf dem einfachen, unbearbeiteten Rohr dasselbe, ja häufig mehr erreichen als den kultivierteren auf der sorgsam geschnitzten Schnabelflöte und den jüngeren Sackpfeifer kaum das gleiche wie den urwüchsigeren Schalmeier, der noch den Mund als Windsack gebrauchen muß. Ebenso begreift der heutige Klarinettist mit seinen Dutzenden von Klappen, Rollwalzen, Brillen und Hilfshebeln kaum recht, wie vor 130 Jahren Mozarts Konzert auf der damaligen Klarinette überhaupt hat ausgeführt werden können. Der indische Bläser braucht keine peinlich abgestimmte oder genau gebohrte Flöte. Wie falsch die roh eingebrannten oder eingeschnittenen Grifflöcher sein mögen, die Mundstellung und Atemdosierung kompensieren von selbst alle Fehler, und der geschickte Spieler vermag auf dem minderwertigsten Instrument rein zu blasen. Im Gegenteil: wenn die Inder eine Zeitlang — wie es heute bereits geschieht — moderne europäische Tonwerkzeuge, Klarinetten, Oboen u. dgl. geblasen haben werden, muß es sich zeigen, daß die Benutzung dieser durch ihre verhältnismäßige Güte den Spieler bevormundenden Instrumente die eigentliche orientalische Blaskunst mit ihren feinen melodischen Nuancen, ihren Vierteltönen und kaum wahrnehmbaren »Bebungen« vernichtet. Die nationale Kunst all dieser exotischen Natur- und Kulturvölker verlangt Instrumente, die — darf man sagen — schlecht genug sind, um sich in allem dem spontanen Willen des Spielers unterzuordnen und ihn nie durch den Willen des Verfertigers einzuengen.

I. Idiophone.

Schlag-Idiophone.

Die Instrumentalmusik nimmt ihren Ausgang vom menschlichen Körper selbst: die Hände, die bei Tanz und Gesang im Rhythmus klatschend zusammenschlagen, sind das urwüchsigste Klangwerkzeug. Im Weißen Yajurveda werden die Händeklatscher (*pâṇighna*) sogar als eigene indische Musikantengruppe aufgeführt. Auf einer höheren Stufe der Entwicklung wird die Hand durch ein Gerät ersetzt: wie für die arbeitende Hand das Werkzeug, für die kämpfende die Waffe einspringt, so für die musizierende das Instrument. Es entsteht das, was unsere Wissenschaft als Gegenschlagstäbe bezeichnet. Jede Hand hält einen kurzen Stab aus geeignetem Holz, der taktmäßig gegen seinen Zwilling geschlagen wird, so daß ein kurzer, trockener, aber durch seine Präzision für rhythmische Zwecke gut brauchbarer Klang entsteht. Die Ägyptologen haben in den Gräbern des Pyramidenlandes derartige Stockpaare gefunden, die oben als Hände ausgeschnitzt sind, von ihrer Herkunft also in derselben Weise Zeugnis ablegen wie in der jüdischen Liturgie die geschnitzte Hand mit dem weisenden Zeigefinger, die bei der Thoravorlesung dem Texte folgt. Gegenschlagstäbe sind noch heut bei vielen Naturvölkern in Mikronesien, Australien, im Kongogebiet und am Senegal und selbst bei den indischen Kulturnationen erhalten. Malâka (*sok yet*) [1] und Annam (*cai čac* [sprich kai tschak]) [2], seltener das südliche Vorderindien haben den Stäben ihre ursprüngliche Bestimmung, das rhythmische Begleiten der altüberlieferten Tänze und Gesänge gelassen. Soweit hier Kulturvölker in Betracht kommen,

[1] W. W. Skeat & C. O. Blagden, Pagan Races of the Malay Peninsula, London 1906, II 121, 126, 131, 134. — Zeitschrift für Ethnologie XXVI, 172.

[2] V. Ch. Mahillon, Catalogue descriptif et analytique du Musée instrumental du Conservatoire royal de Musique de Bruxelles, vol. III. Gand 1900, p. 242.

also bei den Annamiten und den Drâviḍa, sieht man die Stabpaare noch in den Händen der ausübenden Tänzerinnen selbst, so wie sie von den Gopî im Reigen zu Kṛšṇa's Flötenspiel geschlagen werden. Das nördliche Vorderindien hat sie aus dem tätigen Leben verstoßen; sie sind in der Ebene des Ganges und der Yamunâ in diejenigen Daseinsformen übergegangen, die für ausgediente Kulturgegenstände charakteristisch sind, in Faqîrgeräte und Kinderspielzeuge; der pañjâbische Name ist geradezu *daṇḍâ suthrâ*, d. h. »Stock der Suthrâ (Bettelmönche)«. Dieser zweihändige Stabtypus ist in Vorderindien 25—45 cm lang, gleichmäßig rund oder ausgedrechselt und schwarz gebeizt oder bunt nach Art unserer Krocket-Zielstäbe gestrichen. Aus ihm haben sich jüngere, einhändige Formen entwickelt. Die Hindû haben vierkantige, beiderseits verblattete und verspitzte Eisenstäbchen in Wetzsteinform[1] (sanskr. beng. *khattâlî* [spr. *k'attáli*]), 15—20 cm lang und 1—2 cm dick, die wie unsere Kastagnetten paarweise in einer Hand gehalten und zusammengeschlagen werden; in geschickten Händen sind sie sehr wirksam. Die Siamesen verbinden dagegen schlanke, fußlange Rundhölzer durch eine Schnur.

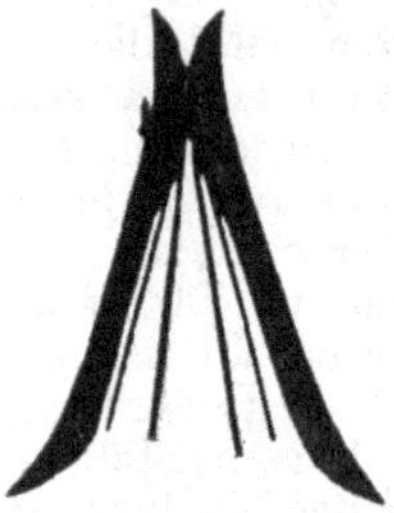

Abb. 7. Siamesische Klapper *(krap puaṅ)*. 1 : 11.

Die Treffebene runder Gegenschlagstäbe ist, geometrisch ausgedrückt, nur ein Punkt. Eine Vergrößerung der Angriffsfläche zweier Hölzer muß den Klang naturgemäß ausgiebiger machen; das wird erreicht, wenn für die Stöcke Plättchen eintreten. Wörtliche Übersetzungen der Gegenschlagstäbe in Gegenschlagplatten, wie sie heute namentlich das chinesische Instrumentarium bietet, kommen auf indischem Boden nicht vor. Alle Lösungen sind hier phantasievoll und zum größten Teil besonders elegant. Hierher gehört die geschmackvolle Plattenbündelklapper der Siamesen[2] (*krap puaṅ* [spr. puang]): zwei dicke, plankonvexe Außenhölzer mit beiderseits auswärts geschweiften Enden und vier dünne, flache Holzplättchen zwischen ihnen sind auf eine gemeinsame Schnur gereiht [Abb. 7]. Diese Entwicklungslinie zweigt dann in eine Sackgasse ab, die zum annamitisch-tonkinesischen *Cai ban ñac*[3] [spr. njak] (»Tafelklapper«) führt: drei rot und golden lackierte Hartholzplatten sind durch Scharniere verbunden; die mittelste, fast einen Meter lange,

[1] Schrank 19.
[2] Schrank 54.
[3] Schrank 57.

stellt den Leib, den Kopf und den Schwanz eines Drachens dar; die äußeren, etwas kürzeren bilden die Flügel und sind in Vertiefungen der Zentralplatte eingepaßt; beim Aneinanderschlagen der Teile unterstützt das Geklingel außen angebrachter Schellen den Konkussionsklang [Abb. 8].

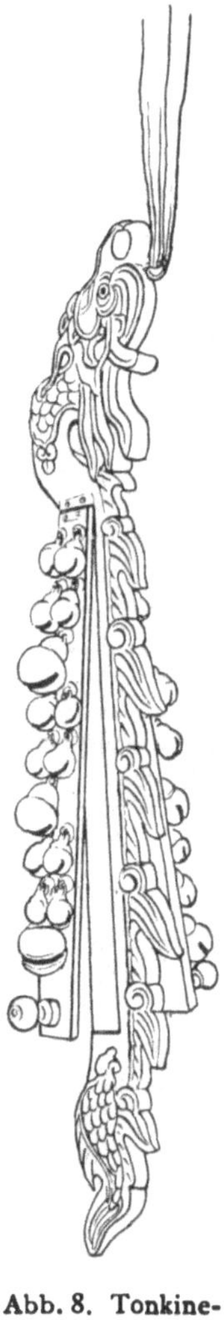

Abb. 8. Tonkinesische Rasselklapper (*cai ban ñac*). 1 : 8.

Vorderindien hat diese Entwicklung nicht mitgemacht. Seine Brettklappern sind ungefüge, zweihändige, von der eigentlichen Kunstübung längst weggestellte Faqîrgeräte, meist in Form hölzerner Hobel mit Handhabe und 2—10 Paar eingelassener Klingplättchen (sanskr. beng. *karatâla* »Handklapper«, marâṭhî hindûst. pañĵ. *kartâl*, telugu *čiṭikelu* [spr. tschíttikelu], kann. *čiṭikĕ*), die bis ins Telugugebiet hinab nachgewiesen werden können [Abb. 9]. Weit abenteuerlicher ist eine Verwandte bei den Muṇḍâri in Čhôṭâ Nâgpur, die »Dapla« (populär-hindûst. *ḍhaplâ*, *daflî*, *ḍaflî* pañĵ. *dafrî*, *dafṛî*, *ḍaphla*, »Rahmentrommel«): an den beiden Enden eines Holzbügels sind runde Holzplatten befestigt; zwei gleiche, durch einen Handgriff verbundene sind darüber derart auf den Bügel gereiht, daß der Spieler das Instrument oben am Bügel halten und mit dem beweglichen Plattenpaar das feste schlagen kann [1].

Abb. 9. Vorderindische Klapper (*karatâla*). 1 : 11.

Schon früh muß eine zufällig eingespaltene Bambusröhre ihre besondere Lärmkraft gezeigt haben; wird die eine Hälfte abgebogen, so schnellt sie vermöge ihrer Elastizität mit großer Gewalt zurück, Rand schlägt gegen Rand, und die in der Röhre eingeschlossene Luftsäule unterstützt das knallartige Geräusch als Resonator. Diese Erfahrung haben die Birmanen in ihrem *Vâ-let-kyot* [2] (»Bambus-Hand-Klapper«) [Abb. 1, 2] verwertet. Der unterste Teil eines Bambusinternodiums ist unversehrt,

[1] Schrank 17.
[2] Schrank 43.

der folgende bis etwa zur Mitte des Ganzen gabelartig ausgeschnitten und der Rest gespalten; der Spieler faßt das Instrument an der ausgeschnittenen Stelle mit beiden Händen oder auch Füßen[1], zieht die abgespaltenen Rinnen auseinander und läßt sie wieder zusammenschlagen. Auch Lâo kennt es[2].

In ganz ähnlicher Weise befestigen die jungen Mädchen von Sûla-Bési (Molukken) am Webstuhl, also wohl am Rietblatt (Schlagbaum), Bambussegmente (*auféda*)[3], bei denen nur ein schmaler Ring in der Mitte unversehrt ist, die Wände aber bis fast an die Enden ausgeschnitten und im letzten Teil gespalten sind; jeder Schlag löst dann einen Knall aus. Es ist also eine Signalvorrichtung wie das schrille Glöckchen, das bei der Schreibmaschine das Zeilenende angibt. Gute Kenner von Land und Leuten wissen über ihren Zweck Amüsantes zu sagen. Nach ihren Berichten wird sie als Gradmesser des weiblichen Fleißes gewertet; je tüchtiger die Weberin, um so rascher die Folge der Signale, und heiratslustige Mädchen versäumen nicht, durch Hinzufügen einer Schelle ihre Arbeitskraft noch eindringlicher zu empfehlen[4].

Diese Rinnenklapper hat einst auch in Europa eine gewisse Rolle gespielt. Das Altertum kannte Crotala aus eingespaltenen Rohren, und in Miniaturen des spanischen Mittelalters, das ja an asiatischen Rudimenten reich ist, begegnet öfter ein sonderbares Instrument, das sich am ehesten als eine Art doppelseitiger Rinnenklapper von der Art der Aufeda deuten ließe.

Die höchste Stufe erreicht die Klapper in der besonderen Form der Gefäßklapper. An Stelle der Stäbe, Platten und Rinnen schlagen hier zwei Hohlgefäße mit oder ohne Tellerrand gegeneinander. Sie bieten zwei ununterbrochene Schlagflächen mit ausgiebigen Resonanzräumen. Jedermann kennt die Hauptgruppe dieser Klangwerkzeuge von unserm europäischen Orchester her als Becken.

Es wäre verlockend, auch sie als die Artefizierung, als die künstliche Nachahmung und Weiterbildung eines Naturerzeugnisses anzusprechen. Nirgends auf der Welt aber existiert ein natürliches Beckenpaar, etwa aus den Hälften einer Kokosnußschale, aus Schädeldecken oder Schildkrötenpanzern. Die malaiischen Fischer locken zwar die Haie mit großen gabelartigen Sistren an, auf deren ein-

---

[1] J. Nisbet, Burma under British Rule — and before, Westminster, 1901, II 304.
[2] A. Raquez, Pages laotiennes, Hanoi 1902, p. 153.
[3] Schrank 105.
[4] J. A. Loebèr, Het weven, 1901, p. 4.

geklemmter Querstange die Hälften von Kokosnußschalen gegeneinander schlagen [Abb. 10]. Allein einen organischen Zusammenhang zwischen diesen Apparaten und den stets metallenen Becken zu konstruieren, darf man vor der Hand nicht wagen.

In diesem Falle spricht manches dafür, daß die Schale erst mit der Herstellung aus Metall die Schwelle zum Musikinstrumentarium überschritten hat. Es ist nämlich zu beachten, daß die Becken überhaupt nur einem beschränkten Völkerkreis angehört haben und angehören, demjenigen nämlich, der im Altertum den gemeinsamen zentralen Komplex mythologischer Vorstellungen hatte, also den Anliegern des Mittelländischen Meers, den Vorderasiaten, Indern und Ostasiaten. In der Kosmogonie all dieser Nationen fallen Becken und Becher als Symbole zusammen, und das Wesen dieser Symbole, auf das hier im einzelnen einzugehen zu weit führen würde, macht es recht wahrscheinlich, daß die Trinkschale älter ist als die Klangschale.

Abb. 10. Malaiische Hairassel. 1 : 11.

Im indischen Mythos schlägt sie Višṇu zu Brahmâ's Trommel, wenn Îśvara, der Vernichter, in Chidambaram mit der Todesgöttin Bhadrakâlî um die Wette tanzt[1], Râvaṇa, der Oberste der Nachtgeister, hält sie in der unheilbringenden Hand[2] und die sirenenhaften Kinnarî's locken mit ihrem Klingelton ins Verderben[3]. Nacht und Zerstörung, alles Böse und Feindliche kleidet sich in den Klang der Becken; daher denn auch die Becken zu ihrer Abwehr die rechte Waffe sind; mit ihnen entzaubern die Griechen die Seele der abgeschiedenen Gerechten von der Gewalt übelwollender Dämonen, mit ihnen befreien sie bei Mondfinsternissen die mit den bösen Mächten ringende Selene und im Frühling die von Pluton ins Totenreich entführte Persephone, so wie die Phry-

[1] B. Ziegenbalg, Genealogie der malabarischen Gottheiten, Madras 1867, p. 283.

[2] l. c., p. 191.

[3] Vgl. die Darstellungen von Kinnarî's in den altbuddhistischen Höhlen von Ajantā, ed. Griffiths, London 1896, I 11 und plate 60.

gier den Lenzgott Attys mit Hörnern und Becken rufen[1]. Und wie Persephone durch die Becken aus dem Dunkel erlöst wird, so kehrt im indischen Mythos die schöne Sîtâ, von dem Beckengeist Râvaṇa in die Nacht gerissen, am Wintersende strahlend zurück. Die Annamiten, die von ihren großen, halbmeterweiten *Nao bat* das eine künstlich einreißen, um den Ton noch grauenhafter und höllischer zu machen[2], führen nur ein Mystisches greifbar in den ästhetischen Aggregatzustand über.

Angesichts dieser innigen Beziehung zum indischen Geistesleben ist den Becken in der musikalischen Praxis ein bevorzugter Platz geblieben. Fast alle Aufwartungen stehen ihnen offen; aber dem aufmerksamen Auge wird nicht entgehen, daß sie ihre »Kaste« haben; namentlich das nördliche Vorderindien hat sie noch ausschließlich religiösen Gelegenheiten vorbehalten, die Siṃhalesen auf Ceylon zählen sie unter die fünf heiligen, den Hêvisi-kâraya anvertrauten Tempelinstrumente[3], und die Drâviḍa wie die Hinterinder haben sie größtenteils, wenn nicht dem Tempel, so dem ihm in gewissem Sinne verwandten Theater überwiesen; die eigentlichen profanen, nach festen Regeln zusammengestellten Orchester, wie das annamitische und das kambojanische (*mohori*), schließen sie meist nicht ein.

Bezeichnenderweise fehlen sie trotz zum Teil sehr hochstehender Bronzetechnik in Malâka und Indonesien, da die Malaien erst spät und nur in geringem Umfang dem oben umschriebenen Kulturkreis angeschlossen wurden.

Den Europäer, der mit den Becken kaum anderes als Lärmeffekte der gröbsten Art zu erzielen vermag, dürfte die außerordentliche Mannigfaltigkeit rhythmischer und dynamischer Möglichkeiten überraschen, die sich dem Inder aus der Fülle der Größen, der Formen und der Handhabungsarten erschließen.

Die Verschiedenheit der Wirkungen läßt sich im wesentlichen auf zwei Spielmanieren zurückführen, auf das leichte

---

[1] F. A. Lampe, De cymbalis veterum, Trajecti ad Rhenum 1703. — [R. Ellys] Fortuita sacra, Rotterodami 1727. — F. Nork, Etymologisch-symbolisch-mythologisches Real-Wörterbuch, Stuttgart 1843, I 232.

[2] G. Knosp, Über annamitische Musik, Sammelbände der Internationalen Musikgesellschaft VIII 151.

[3] A. K. Coomaraswamy, Mediæval sinhalese art, Broad Campden 1908, p. 26. — Die kanonische Fünfzahl der Instrumente — wohl im Anschluß an die fünf Grundkräfte der Welt — spielt im ganzen Vorderindien eine gewisse Rolle; allerdings (vgl. z. B. M. A. Macauliffe, The Sikhs Religion, Oxford 1909, I 99) handelt es sich häufig nicht um Typen, sondern um Klassen, und zwar um die menschliche Stimme, Wind-, Saiten-, Leder- und Metallinstrumente.

Gegeneinanderzitternlassen der Ränder, mit einem kontinuierlichen Klang wie dem der elektrischen Klingel, und auf das wirkliche Zusammenschlagen. Daraus ergeben sich für die äußere Form zwei Typen. Die Klingeltechnik braucht Flächen, die ausgiebig zusammentreffen können; die Klingelbecken werden daher am liebsten mit Buckel und plattem Rand gemacht. Aufeinanderschlagende Flächen können dagegen nicht recht klingen, weil sie sich gegenseitig in der freien Schwingung behindern; die eigentlichen Schlagbecken werden folglich nach Möglichkeit Flächen vermeiden, Randschärfe gegen Randschärfe schlagen lassen und durchaus gewölbt sein. Diese Zweiteilung geht unbeschadet aller Varianten durch ganz Indien.

Die Klingelbecken sind in Vorderindien (sanskr. beng. hindûst. hindî marâṭhî pañjâbî *jhâñjha*, *jhâñjh*, *jhâñj* [spr. dschandsch], sanskr. beng. *tâla* [tâlî = Händeklatschen], pâlî *tâlo*, hindûst. hindî marâṭhî *tâl*, tamiḻ malay. *tâḷam*, telugu *tâḷamu*, kannaresisch *tâḷa*, siṃhal. *taliya*) bald wirklich plattrandig mit starkem Buckel, bald leichtgewölbt mit zentraler Spitze; in Hinterindien schließen sich Âsâm (gāro *kakva*)[1] und Siam (*čap* [spr. tschap]) an, während Birma (*ya gvin*) und Annam-Tonkin (*cai nao bat*) Becken mit Buckel und aufgebogenem Rand haben, die in Ostasien den herrschenden Typus bilden und nach chinesischer Überlieferung[2] aus Indien stammen. Die eigentlichen Schlagbecken haben in Vorderindien (sanskr. beng. *mandirâ*, augment. *mahâmandirâ* »große Mandirâ«, *jhallarî*, hindûstanî hindî *mañjîrâ* [spr. mandschira], *majîrâ*, pañjâbî *mejra*[3] [spr. medschra], marâṭhî *jhallri*, kann. tel. *jhallari*, tam. *čallari* malay. *jhaḷḷi*) gleichmäßig konische Wölbung mit oder ohne Buckel, in Siam (*čiṅ* [spr. tsching]), ebenfalls konische Wölbung mit buckelartigem Profil, in Âsâm (gāro *neṅilsi*)[4], in Birma (*than hvin* [?]) und in Kamboja (*č'uṅ*)[5] Halbkugelform [Abb. 1 u. 2].

Den Gegenschlagstäben, die den ersten Abschnitt eingeleitet haben, stehen am Anfang dieses zweiten die Aufschlagstäbe gegenüber. Jene waren wie die beiden Hände paarweise aneinandergeschlagen worden. Unter Aufschlag-

[1] A. Playfair, The Garos, London 1909, p. 44.

[2] A. C. Moule, A List of the Musical and other Sound-Producing Instruments of the Chinese, Jour. North China Branch R. A. S. 1908, XXXIX 24.

[3] B. H. Baden Powell, Hand-Book of the Manufactures and Arts of the Punjab, Lahore 1872, II 278.

[4] Playfair, a. a. O. 45.

[5] G. Knosp, Rapport sur une Mission officielle d'Étude musicale en Indochine, Leiden (1911), p. 118.

stäben verstehen wir Holzstäbe, die nicht paarweise auftreten und sich in die Klangbildung mit einem Zwilling teilen, sondern einzeln durch Aufschlagen zum Tönen gebracht werden. Das kann auf die verschiedenste Art und Weise geschehen. Einige Völker, die Melanesier von Neuguinea z. B., schlagen sie auf die Handfläche, andere, wie die Japaner, auf den Boden; in der Regel aber bearbeitet man sie selbst mit einem kleinen Schlägel. In allen Fällen ist also der eine der beiden zusammentreffenden Körper bewegt, der andre unbewegt, der eine klingend, der andre nichtklingend. Da der Spieler stets nur einen einzigen Gegenstand zu bewegen hat, so lassen sich die Aufschlagstäbe leichter und geläufiger handhaben als die Gegenschlagstäbe; da ferner beim Zusammentreffen zweier Körper unter allen Umständen ein klarerer, eindeutigerer Klang erzielt werden muß, wenn nur der eine klingend ist, so hat auch darin der Auschlagstab vor dem Gegenschlagstab einen Vorsprung. Daraus ergibt sich für beide Arten eine verschiedene Laufbahn. Jene kommen über das Stadium der rein rhythmischen Klangwerkzeuge nicht heraus, diese dagegen haben sich einen ehrenvollen Platz unter den Musikinstrumenten höherer Art erobert. Eine lange Entwicklung führt schließlich zu den reifen Xylophonen.

Abb. 11. Asâmische Schlagrute. 1 : 11.

Für Indien steht auf einer der ersten Stufen die Schlagrute, die man ihrem Äußeren nach kaum für ein Musikinstrument halten würde [Abb. 11].

Âsâm, oben im Nordwesten Hinterindiens, kennt ein rutenartig im größeren Teil seiner Länge fein zerspaltenes Bambussegment, etwa eine Elle lang[1], das vermutlich gegen den Körper des Spielers oder auch paarweise gegeneinander geschlagen wird. Das entstehende Geräusch setzt sich aus zwei verschiedenen, in der Wirkung allerdings ziemlich zusammenfallenden Einzelgeräuschen zusammen: dem der unmittelbar aufschlagenden Stäbe und dem der mittelbar infolge der Bewegung gegeneinandergeschlagenen. Eine solche Rute, deren einfacher Bau eine einst große Verbreitung voraussetzen läßt, ist heute nur noch an wenigen Stellen einer südöstlich von Âsâm abgehenden Linie zuhaus. Im Zentrum steht das südliche Celébes; die Rute erreicht hier eine Länge von

[1] Schrank 38.

weit über zwei Metern (makassarisch *bûlo sîya-sîya*, buginesisch *bûlo pasêya-sêya*) und wird bei Krankheiten, Beschwörungen, kurz überall, wo es böse Dämonen zu vertreiben gilt, gebraucht, in der Regel als Aufschlag-, hier und da, z. B. in Vâjo, als Gegenschlaginstrument. Am Ostende der Linie steht Hawai (*püili*); auch dort in Polynesien kommen beide Schlagarten, einzeln gegen den Körper und paarweise gegeneinander, vor[1]. Übrigens ist die Schlagrute im Abendland nicht unbekannt. Minoriten und Kapuziner wurden noch im 18. Jahrhundert mit einer derartigen Holzrute durch Schläge gegen die Tür geweckt[2]; die Große Trommel hatte im gleichen Jahrhundert eine Rute als linken Schlägel; Komponisten unserer Zeit, u. a. Strauß und Mahler, lassen für besondere Wirkungen eine Birkenrute gegen die Zarge der Großen Trommel schlagen.

Abb. 12. Toradja-Mädchen mit Rerrê.
Nach Grubauer, Unter Kopfjägern.

Eine raffiniertere Abart mag als Aufschlaggabel bezeichnet werden [Abb. 12];

[1] C. Sachs, Real-Lexikon der Musikinstrumente, Berlin 1913, p. 307 b.
[2] F. Bonanni, Gabinetto armonico, Roma 1722, p. 159.

das Bambussegment wird nicht fein zerspalten, sondern im größeren Teil seiner Länge gabelartig ausgeschnitten; in dem nichtausgeschnittenen, zum Anfassen bestimmten Teil sind einander gegenüber zwei Löcher eingebohrt; der Apparat wird wie eine Stimmgabel gegen die Handwurzel geschlagen und der Klang durch Decken der beiden Grifflöcher nach Wunsch vertieft. Es handelt sich also um eine sehr interessante Kombination: nicht nur der aufschlagende Bambus klingt, sondern auch der mitschwingende Luftraum, der im Griff eingeschlossen ist; dieser wiederum erfährt durch Öffnen oder Schließen seiner Löcher eine Änderung des Volumens und demgemäß der Tonhöhe. Durch die Mitwirkung schwingender Luft wird die Klangfarbe ein wenig flötenartig und die Tondauer größer, als wenn nur der Bambus klänge. Das seltsame Instrument wird in einem rechten Winkel angetroffen, der von Malâka (*geṅgoṅ sakai*) [1] über Zentral-Celébes (*rerré*), Buton (*ore-ore*) [2], Talaut, Baṅgai (*ta uto*) [3] zu den Philippinen (*buncácan*) zieht.

Stehen diese zweitönigen Gabeln auf der Schwelle zwischen den rein rhythmischen und den melodischen Instrumenten, so wird diese Schwelle, wenn auch zaghaft, überschritten durch die Art, wie man in Malâka und andernorts jene Stäbe oder Röhren verwendet, die auf den Boden geschlagen oder gestoßen werden. Die Eingeborenen Malâka's schneiden sich aus Bambus Sätze von dreimal zwei einseitig durch die Wachstumsknoten geschlossenen Stampftrommeln oder — wissenschaftlich korrekter ausgedrückt — Aufschlagröhren, denen sie den heiteren Namen »Zankbambusse« (*diṅ teṅkhiṅ*) geben. Das größte Paar, die Bässe, sind die männlichen (*lĕmol*) oder Väter (*kuyn*), die mittleren die weiblichen (*kĕdol*) oder Mütter (*gendē'*); die kleinen Soprane, die in der heutigen Musikübung meist keine Stelle mehr haben und höchstens für einen beschädigten Verwandten einspringen, sind die Kinder (*kĕnoṅ*). Die vier Röhren werden auf zwei Spieler verteilt; jeder nimmt in die linke Hand einen Vater, in die rechte eine Mutter und stößt sie mit dem verschlossenen Ende gegen einen Holzklotz oder gegen den nackten Boden. In einfachen Rhythmen, in viertönigen Melodien begleiten sie den Gesang [4]. Ähnliche Aufschlagröhren, von den Ethnologen häufig »Tanzstäbe« genannt, sind auf melanesischem,

[1] H. Balfour, Report on a Collection of Musical Instruments from the Siamese Malay States and Perak. Fasciculi Malayenses, Anthropology II a, p. 14.

[2] Elbert, Die Sunda-Expedition, Frankfurt a. M. 1911, I 268.

[3] Schrank 106.

[4] Skeat & Blagden, l. c. 131, 134, 141.

polynesischem, nordwestbrasilischem und ostafrikanischem Boden in Gebrauch.

Im Norden bei den Lâoten stehen solche Aufschlagröhren im Mittelpunkt eines sonderbaren Orchesters. Der Anführer stößt mit jeder Hand ein unten geschlossenes Bambussegment gegen den Boden. Um die ernsten und vollen Klänge dieser großen Stampfröhren ranken sich die leichten Tonarabesken eines Geläuts von etwa zwanzig kleineren, abgestimmten Bambussen, die auf ebensoviel Männer verteilt sind und mit Hartholzstäbchen geschlagen werden [1].

Dieser Chor von Bambusabschnitten führt in die dritte und wichtigste Handhabungsart der Aufschlagstäbe und -röhren. Nachdem wir sie gegen den Körper schlagen und gegen den Erdboden haben stoßen sehen, zeigt er uns Hölzer mit Schlägelperkussion. Es gibt da eine Unzahl Varianten: den einfachen Bambusstab (*cai siñ* [spr. sinj]), den der annamitische Bettler zwischen den Zehen hält, um ihn mit einem Hartholzstäbchen in jeder Hand zu schlagen [2]; die meterlangen Bambusabschnitte der Sioṅ Sĕmaṅ in Malâka, deren offenes Ende mit dem zusammengefalteten Blatt der Palaspalme (*licuala*) geschlagen wird [3] usw. Auf all diese Dinge kann hier um so weniger eingegangen werden, als sie unter den Beständen des Museums nicht vertreten sind. Selbst die sogenannte Holztrommel (malaiisch *kalah*, Dialekt von Kisser *kol-kola*), eine an beiden Enden geschlossene Schlagröhre mit einem Schallschlitz in der Wand, kann nur nebenbei erwähnt werden, da sie innerhalb Indiens in keiner Weise die dominierende Stellung einnimmt, die ihr in der Südsee, in Amerika und in Afrika zufällt. Die Malaien als einziges indisches Volk verwenden sie, aber auch nur als Signalinstrument der Nachtwächter und Feldhüter. Die Mehrzahl ist daher nur aus einem etwa fußlangen Bambusinternodium geschnitten [Abb. 13]. Ausgehöhlte Baumstämme wie in jenen andern Erdteilen kommen seltener vor. Das Museum besitzt einen solchen malâkischer Herkunft mit den charakteristischen Nasen an den Enden [4].

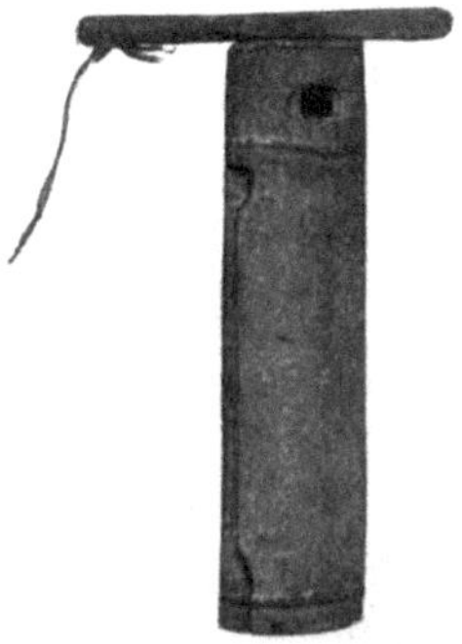

Abb. 13. »Holztrommel« von Kisser (*kol-kola*), mit Schlägel. 1 : 7.

[1] Raquez, l. c.
[2] Knosp, Rapport etc. p. 63.
[3] Skeat & Blagden, l. c. 122.
[4] Frei in Saal V.

Diese ganze Gruppe tritt endlich in die Familie der vollgültigen, melodischen Zwecken dienstbaren Musikinstrumente über. Genau wie wir später beobachten werden, daß verschieden abgestimmte, aber nur eines einzigen Tones fähige Pfeifen nebeneinandergebunden und nun in der Hand eines einzigen Spielers als Panflöten zu einem vieltonigen, melodisch verwertbaren Instrument werden, so bindet man schließlich die abgestimmten Bambussegmente, die wir im lâotischen Orchester ein jedes von einem eigenen Spieler bedient sahen, leiterförmig nebeneinander und läßt sie wie die Tasten des Klaviers von einer einzigen Person anschlagen. Diese Vereinigung mehrerer abgestimmter Holzstäbe oder -röhren nennen wir Xylophon.

Das *Tjaluṅ* der Javanen[1] kann uns als ausgezeichnete Illustration dienen: elf bis vierzehn bis fast zur Mitte rinnenartig ausgeschnittene Bambussegmente — genau wie sie in Lâo einzeln geschlagen werden — sind wie die Sprossen einer Strickleiter in zwei Schnüre geknotet [Abb. 14]. Der Spieler bindet das eine Ende der Leiter unten an einen Baum, das andere an sein Knie.

Freilich, so anschaulich an diesem Beispiel die Zusammenschließung einzelner Hölzer zum Xylophon ist, die Anfänge des Typs liegen nicht hier. Das Tjaluṅ mit seinen zahlreichen, sorgfältig abgestimmten und verschnürten Röhren steht auf einer nichts weniger als primitiven Stufe. Will man die Anfänge aufsuchen, so kommen Gebilde wie das *Koṅkoṅ* der Ôraṅ Bĕlêndas und der Ôraṅ Mĕntĕra auf Malâka in Frage. Es werden aus Weichholz vier ungefüge, plankonvexe Bohlen geschnitten, an den Enden kurz verspitzt und von zwei auf dem Boden einander gegenübersitzenden Spielern auf den ausgestreckten Beinen gehalten[2]. Von einer Befestigung der Klangstäbe und von einem künstlichen Resonator ist noch keine Rede.

Der nächste Schritt ist die Schaffung einer künstlichen Unterlage. Das *Krotoṅ* der Land-Dâyak auf Borneo wird bald auf die Knie, bald auf einen Weichholzblock gelegt[3] und das *Tudû-kat* der Mĕntâvei-Insulaner auf zwei verschieden große ausgehöhlte Baumstümpfe. Mit dieser Aushöhlung ist bereits eine Lösung der Schallverstärkungsfrage versucht. Die Art, wie man auf Nias das Xylophon (*doli-doli*) spielt, zeigt eine andere, häufigere Lösung des gleichen Problems: die Frauen legen ihre Beine mit den zu schlagen-

---

[1] Schrank 129.

[2] Schrank 52.

[3] R. Shelford, An Illustrated Catalogue of the Ethnographical Collection of the Sarawak Museum. Straits Br., R. A. S. Nr. 40, p. 45.

Abb. 14. Javanisches Röhrenxylophon (*tjaluṅ*). 1 : 8.

den Bohlen über ein in die Erde gegrabenes Loch[1]. Daß auf Nias das Xylophon ein Fraueninstrument ist, muß hervorgehoben werden; ein durchaus gleichartiges Tonwerkzeug von Neupommern darf von Frauen nicht einmal gesehen werden.

Die ganze Entwicklung führt schließlich über die fünftönigen Batak-Instrumente zu den beiden höchststehenden Gruppen der hinterindischen und javanischen Trogxylophone. Die Angehörigen der hinterindischen Gruppe (birm. *pattalâ*[2] [von sanskr. *paṭaha*, »Trommel«?], siam. *rănàt*[3], kamboj. *ronéat*) sind Reihen von 17—23 plankonvexen Stäben aus Riensenbambus (*Bambusa gigantea*), die durch den Auftrag von mehr oder minder großen Wachsklümpchen auf der Unterseite sorgfältig abgestimmt und durch zwei, ihre Enden je zweimal durchlaufende Schnüre zusammengehalten werden; die ganze jalousieartige Vorrichtung wird auf die betuchten, konkaven Ränder eines eleganten Tiekholzkastens[4] in Trog- oder Wiegenform mit Sockel gebettet [Abb. 4].

Den hinterindischen Xylophonen sind die javanischen (*gåmbåṅ* [spr. gómbong]) — von dem schon beschriebenen Tjaluṅ abgesehen — fast völlig gleich [Abb. 5, 6]: 16, 18 oder 20 plankonvexe Stäbe (*vilah*) aus Djembir-, Ravan-, Tiek- (malai. *djati*) oder Lankiṅ-Holz im Tonumfang von dreieinhalb bis vier Oktaven, nach oben zu runder und heller, ruhen auf dem Rand des hölzernen Resonanztrogs (*grobog*), in dessen Innern gewöhnlich ein paar Auswechselstäbe (*soroggan*) für andere Stimmungen aufbewahrt werden. Die beiden Schlägel (*tabuh*) mit scheibenartigem Kopf faßt der Spieler zwischen Daumen und Zeigefinger; ein Abdämpfen ist bei dem kurzen, trockenen Ton des Holzes unnötig[5]. Die Befestigungsart weicht indessen von der der hinterindischen Xylophone ab. Die Schnüre bleiben ganz fort, und auf eine Verbindung der Stäbe wird verzichtet; diese sind vielmehr auf dem Rand des Kastens in der Weise fixiert, daß immer zwei Sifte das eine Ende festklemmen und ein dritter durch ein Loch im andern Ende lose hindurchgeht[6]. Auch das japanische *Mokkin*, offenbar ein verschlepptes Gåmbåṅ, ist in gleicher Anordnung gestiftet.

Es wäre verlockend, die Frage nach der Priorität beider Befestigungsarten aufzuwerfen. Hat die Schnürung oder die

[1] Florenz, Museo etnografico, Nr. 10002, 10003.
[2] Schrank 43.
[3] Schrank 55.
[4] Nisbet, l. c.
[5] Encyclopædie van Nederlandsch Indië, ed. v. d. Lith, 's Gravenhage-Leiden s. a., II 624.
[6] Schrank 74.

Stiftung das höhere Alter? Für beide Möglichkeiten lassen sich Gründe anführen, deren Erörterung freilich den Rahmen dieses Handbuchs durchbrechen würde. Das Auge, das hier klar sehen möchte, wendet sich naturgemäß hinüber nach Afrika, wo, abgesehen von der Lösung des Resonatorenproblems, ganz auffällig alle Arten des südostasiatischen Xylophons wiederkehren, von den lose aufgehängten oder aufgelegten Bohlen bis zu den sorgfältig aufgezogenen oder angestifteten Stäben. Die weitere Frage, ob Afrika seine Schlagstabspiele — meist unter dem Shuna-Namen *marimba* bekannt — selbständig geschaffen oder von Asien übernommen hat, ist wiederholt angeschnitten worden; heute, wo wir wissen, daß selbst die Stimmung hüben und drüben identisch ist, wird an einem unmittelbaren Zusammenhang nicht mehr gut gezweifelt werden können.

Auch das europäische Xylophon, das aus der Volksmusik ziemlich verschwunden ist, aber hier und da für besondere Zwecke (Totentänze u. dgl.) im Orchester verwendet wird, ist sicher von Hinterindien abhängig. Schon der alte deutsche Name *Hölzernes Gelächter*, von oberdeutsch *klächel* = Klöppel, weist auf den über die östlichen Alpen führenden Zufahrtsweg vom Morgenland. —

Metallophone aus sorgsam abgestimmten bronzenen Schlagplättchen sind mit den Xylophonen eng verschwistert. Ihre Verbreitungsgebiete decken sich, mit der Einschränkung, daß Birma ausfällt; dafür ist Vorderindien mit seinem gelegentlich aus Platten hergestellten Siebenglockenspiel (sanskr. *sapta ghaṇṭikâ*, beng. *śabdaghaṇṭikâ*) [1] einzustellen; auch der japanische Ableger (*tekkin*) kehrt wieder.

Wirklich primitive Typen gibt es diesmal nicht; die Bronzeplatte setzt erst da ein, wo die ungefügen, schlecht intonierten Bohlen schon einer Reihe schlanker, gutgestimmter Bambusabschnitte Platz gemacht haben. Das urwüchsigste Metallophon ist vielleicht, wenn es sich nicht um eine Rückbildung handelt, das mir unbekannte *Bisak betoṅ* der Dâyak auf Borneo, aus sieben Kupferstäben (?) auf einer länglichen Resonanzkiste [2].

Die Javanen geben ihrem *Saron* [3] ebenfalls sieben schwach gewölbte Bronzeplättchen, wenn es für den Gamĕlan pèlog bestimmt ist, und sogar nur sechs — wie auch die Zentral-Sumatrer (*kĕlèntoṅ*) — wenn es ein Salèndro-Instrument sein soll [Abb. 5, 6]. Die Platten sind in abnehmender Größe und

[1] C. R. Day, The Music and Musical Instruments of Southern India and the Deccan, London 1891, p. 106.

[2] A. Hardeland, Dajakisch-deutsches Wörterbuch, Amsterdam 1859, p. 69.

[3] Glaskasten 75.

zunehmender Tonhöhe von links nach rechts auf den Rand des Schallkastens in der Weise gestiftet, wie sie auch bei den javanischen Xylophonen üblich ist; als Isolierkissen dienen kleine Rôtaṅringe, die man über die Nägel gestreift hat. Der Resonator ist entweder ein bemalter Holztrog mit Endlehnen oder ein phantastisches Fabeltier, in der Regel ein liegender Drache. Es ergibt sich daraus eine Beziehung nicht nur zu den birmanisch-siamesisch-kambojanischen Alligatorzithern, von denen später die Rede sein wird, sondern vor allem zu den merkwürdigen Schraptigern Chinas und Japans (chines. *yü*, japan. *Jyo* [spr. dschjo]), hölzernen Instrumenten in Form eines liegenden Tigers, dessen Wirbelsäulen-Dornfortsätze mit einem aufgesplitterten Bambusstück geschrapt werden. Die chinesischen Quellen wissen zu berichten, daß die Bambusschraper erst aus der Zeit der T'aṅ-Dynastie (618—907) datieren, daß früher statt des Tigers ein einfacher, umgekehrter Kasten dagewesen und daß die jetzt hölzernen Dornfortsätze früher aus Metall und in sechs Tönen gestimmt gewesen seien[1]. Daraus folgt zwar nicht mit Sicherheit, daß das Yü früher ein Schlagplattenspiel war, wohl aber, daß es mit dem Saron eng verwandt ist. Die Javanen stimmen ihre Saron-Platten höher, indem sie die Enden befeilen; die Befeilung der Mitte ergibt einen tieferen Ton. Wie beim Xylophon pflegen auch hier ein paar Reserveplättchen im Kasten zu liegen, um das Instrument nach Bedarf in das andere Tongeschlecht umzustimmen, d. h. in einen andern Gamĕlan einzuführen. Im Zusammenspiel geht das Saron mit der Melodie; durch die Präzision seines Tons stützt es sie vorzüglich. Die Dämpfung — mit Daumen und Zeigefinger der linken Hand — wird selten vorgenommen. Das Saron kommt in vier Tonlagen vor: Baß (*slĕṇṭĕm*) mit Buckeln auf den Platten, Tenor (*dĕmuṅ*), der in schnellen Stücken von zwei einander gegenübersitzenden Männern gespielt wird, Alt (*saron*) und Diskant (*sĕlĕnto*). Sie liegen im wesentlichen in unserer großen, kleinen, ein- und zweigestrichenen Oktave[2].

Eine zweite Gruppe steht den reifen Xylophonen am nächsten: die siamesischen mit 21 Bronzeplättchen (*rănàt thoṅ*) oder 17 eisernen (*rănàt lek*)[3], das kambojanische (*ronéat dec*) mit meist 21 Eisenplatten [Abb. 4] und ein javanisches, dem Saron ähnliches (*gåmbåṅ gåṅså* [spr. gómbong góngsŏ]). Dieses hat 6—18, in der Regel 15 plan-

[1] A. C. Moule, A List of the Musical and other Sound-Producing Instruments of the Chinese. Jour. North China Branch R. A. S. 1908, XXXIX 11 f.

[2] Encyclopædie van Nederlandsch Indië l. c. — J. Groneman, De Gamĕlan te Jogjåkartå, Amsterdam 1890.

[3] Notes on Siamese Musical Instruments, London 1885, p. 15.

konvexe Bronzeplatten in abnehmender Größe — im Gamĕlan pèlog mit Buckel —, die auf dem Oberrand eines hölzernen Resonanzkastens angestiftet sind, mit zwei hammerförmigen Saron-Tabuh's geschlagen und selten gedämpft werden. Das Beiwort *gåṅså* »Glockenspeise« entspricht als Lehnwort dem gleichbedeutenden sanskr. *kâṃsâ*.

Instrumententechnisch am interessantesten ist ein anderer javanischer Typus (*gĕndér*). 11 oder 12 salèndromäßig oder 12 bis 13 pèlogmäßig gestimmte, in seltenen Fällen sogar nur 6 besonders dünne Bronzeplatten ruhen auf Schnüren innerhalb eines Holzgestells. Unter jeder hängt aufrecht ein gleichgestimmter Bambusresonator (*bunbuṅ*), der den Ton erheblich kräftigt; äußerlich sind diese Röhren gleich lang, innerlich nicht, da sie so geschnitten sind, daß das abschließende Nodium mit zunehmender Tonhöhe auch höher rückt [Abb. 5, 6]. Das schöne Instrument begleitet paraphrasierend; jede Hand hält zwischen dem zweiten und dritten Finger ein Gåmbåṅ-Tabuh; die andern Finger werden zum Dämpfen herangezogen. Da eine besonders große Gelenktechnik in Frage kommt, sieht man häufig weibliche Spieler. Auch das Gĕndér wird in mehreren Größen gebaut: tiefe Lage (*pĕnĕmbuṅ*), mittlere (*baruṅ*) und hohe Lage (*pĕnĕrus*). Offenbar haben wir im Gĕndér das Vorbild für die entwickelteren Xylophone Afrikas mit ihren sorgfältig eingestimmten Resonanzkalebassen zu sehen.

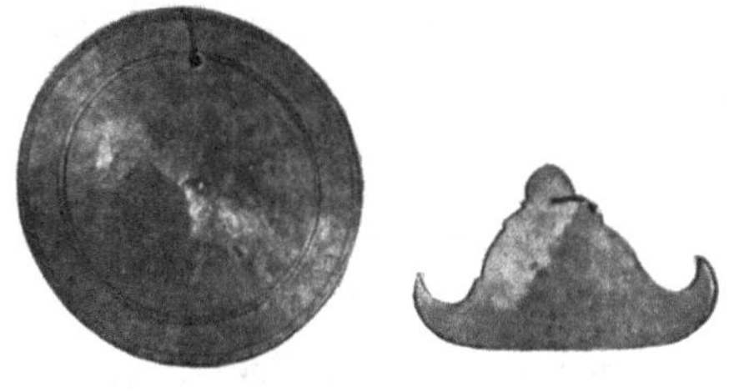

Abb. 15. Vorderindische und birmanische Schlagplatte. 1 : 9.

Auch das Metallophon hat von Indien den Weg nach Europa gefunden; die sogenannten *Glockenspiele* der Militärkapellen, aus Stahlplatten auf einem lyraförmigen Rahmen, der Sinfonie- und Opernorchester, mit Klaviatur und Dämpfung, und der Kinderstuben, in kleinem Format, sind wohl kaum von Indien unabhängig zu denken.

Wie den Xylophonen einzelne Klanghölzer als Prototypen entsprechen, so den Metallophonen einzelne Metallplatten [Abb. 15]. In allen Pagoden Vorderindiens hängt an einer Schnur eine Schlagplatte, die zur Adoration (*pûǰâ*) mit einem Holzhammer gespielt wird (sanskr. beng. *ghaṛî*, hind. *ghaṛiyâl*, *ghaṛiyâval*, bhoǰpurî *ghaṛiyâr*, tamiḻ *šegaṇḍi* [spr. schégandi], telugu *ǰêgaṇṭa* [spr. dséganta] kann. *ǰêgaṭĕ*, *jâgaṭě* [spr. dschágate]). Sie wird in Form einer kreisrunden Scheibe mit konzentrischen Liniengravierungen nahe dem Rand in einer Weite von 20—30 und einer Dicke von einem halben Zentimeter aus guter Glockenspeise gegossen. Dank der Güte ihres Materials und ihrer verhältnismäßig beträchtlichen Dicke gibt sie einen wundervollen hellen und klaren Ton; schon aus diesem Grunde tut man der Platte Unrecht, wenn man sie, wie es allgemein geschieht, als Gong bezeichnet; dieser Name kommt nur den verschleierter klingenden, zur Schale gebogenen Blechen zu.

In Hinterindien wird die Kreisplatte (birm. *kyè tsi*, annam. *cai čieṅ* [spr. tschjeng]) seltener angetroffen. Im allgemeinen herrscht ebenso wie in Tibet ein ungefähr dreieckiger, fantastisch zerrissener Kontur vor, den die Eingeborenen selbst mit einem Berg oder einem Halbmond vergleichen[1]; der Name ist in Annam *cai khañ* [spr. kanj]. Die Schlagplatte wird hier sehr hoch eingeschätzt; all die ethischen Eigenschaften, die die alten Kulturvölker der Musik beilegen, die Erheiterung betrübter Seelen, die Aufhellung blöder Gehirne und ähnliche Tugenden, werden diesem Instrument im besonderen zugeschrieben.

Indochina hat das Urbild dieser Metallplatte bewahrt; es ist ein oft metergroßer und dezimeterdicker Steinblock mit dem gleichen geschweiften Umriß, mit Flachreliefschmuck, farbiger Inschrift und Steinkopfschlägel, das Ganze ebenso wie die größeren Metallplatten in einem Galgen aufgehängt[2] (*cai khañ* [spr. kanj]). Die klangliche Ausnutzung gewisser Steinarten ist in Ostasien uralt; in China hat man sogar abgestimmte Steintafeln in derselben Weise zu Lithophonen verbunden wie andernorts Holzstäbe und Metallplatten zu Xylo- und zu Metallophonen. Ein solches Steinplattenspiel (*kromo*) soll auch bei den Seedâyak auf Borneo vorkommen.

Den Weg nach Europa, wie ihre hölzernen und bronzenen Verwandten, haben sie nicht gefunden, weil die außerordentlichen Schwierigkeiten der Steinbeschaffung und des Transports sowie die Höhe der Kosten in keinem Verhältnis zum musikalischen Wert stehen. Dagegen sind sie in Europa von Zeit zu Zeit spontan »erfunden« worden. So schnitt sich 1837 Franz Weber in Wien aus Alabasterscheiben ein *Lithokymbalon*; vier Jahre später wurde ein Steinmetz Richardson, der in den Steinbrüchen Cumberland's arbeitete, auf die Klangkraft des Basalts aufmerksam und schlug eine Reihe von Blöcken zu einer *Felsenharmonika* zurecht. 1880 konnte man im damaligen Berliner Walhallatheater die fünf Brüder

---

[1] Schrank 43.
[2] Schrank 57.

Bozza mit ihren abgestimmten Pflastersteinen bewundern, und drei Jahre darauf führte auf der Amsterdamer Kolonialausstellung der Franzose Baudre sein Feuersteinklavier vor, dem er Gehirn und Lebenskraft zum Opfer gebracht hat.

Die hölzerne Schlagplatte, der in Westasien und in Europa eine gewisse Rolle zugefallen ist, hat sich in ihrer eigentlichen Form nirgends im indischen Gebiet erhalten. Dagegen kommt sie an einer einzigen Stelle in etwas veränderter Form vor, und zwar bei den Minkopie auf den Andamanen, unter dem Namen *pákuda* (»Ohr«)[1]. Sie ist ein anderthalb Meter langes Brett in starkgewölbter Lanzettform mit einem Strick durch das spitze und zwei augenartigen Löchern nahe dem abgerundeten Ende; der Spieler steht vor diesem, auf Pfeil und Bogen gestützt, und stampft mit den Füßen den Takt [Abb. 16]. Dies äußerst urwüchsige, unmittelbar auf das einfache Takttreten zurückgehende Klangwerkzeug ist das einzige Musikinstrument der schwarzen Andamanesen, die auf der niedrigsten Kulturstufe innerhalb der indischen Welt stehen. Die melanesischen Salomoinsulaner haben in ähnlicher Weise das rhythmische Stampfen weitergebildet, indem sie eine Grube im Erdboden mit einem Brett bedecken.

Abb. 16. Stampfbrett der Minkopie (*pakuda*). 1 : 11.

[1] Schrank 49.

Rein formal genommen, steht das gebogene Brett auf der Grenze zwischen der wirklichen Platte und dem Gefäß. Akustisch ausgedrückt: das Pákuda vermittelt zwischen denjenigen Aufschlaginstrumenten, die als Klangerreger ganz auf sich selbst gestellt sind, und denen, die einen wenn auch noch so kleinen, mitschwingenden Luftraum umschließen.

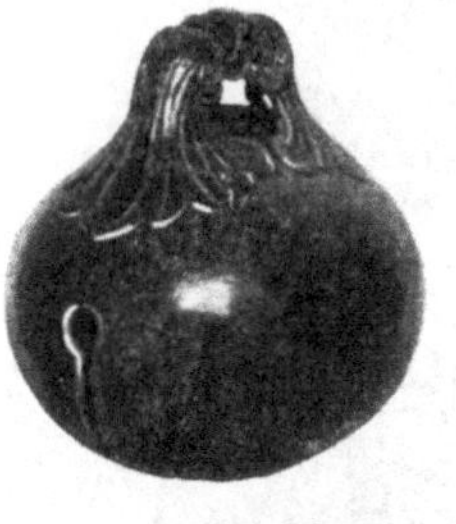

Abb. 17. Tonkinesisches Schlaggefäß (*cai mo*). 1 : 9.

Eigentlich primitive Typen dieser Gruppe sind kaum irgendwo, am wenigsten in Indien am Leben geblieben. Verhältnismäßig am weitesten weisen die indochinesischen *Cai mo* und der südindische *Gâṭha* zurück; jene sind Kampherholzblöcke, meist in Fisch-, Frosch- oder Fruchtform, in den besseren Exemplaren feuerrot lackiert und zum Teil vergoldet, von einem Schlitz aus mit dem Messer ausgehöhlt und mit einem Greifloch oder Handgriff versehen [Abb. 17]; mit Holzklöppeln angeschlagen, bringen sie Töne von wunderbarer Weichheit hervor. Daher ihre große Beliebtheit; selten unterläßt es ein annamitischer Dichter, »den Mo in seinen Nachtgedichten zu erwähnen; auch für den dort lebenden und eingewöhnten Europäer ist er eine poetische Ergänzung des Nocturnos, denn er bringt ein wenig Leben in die schwere Nachtluft, die Menschen und Tiere lähmt«[1]. Die Hauptaufgabe des Mo ist, bei Nacht die Stunden zu verkünden; daneben wird er im Tempel und weiterhin sogar im Orchester verwendet.

Abb. 18. Topfschläger. Nach einem tamilischen Bilderbuch.

Ein seltsames Überlebsel der Vorzeit ist der Schlagtopf (sanskr. marâṭhî *ghâṭa*, beng. *ghaṭa*, pâlî *ghaṭi*, tamiḻ *kâṭṭivâdiyam*, telugu *ghâṭamu*, kannar. *kōḍa*, *kuṭa*, *kumbhavâdya*, *gaḍa*, *ghadâ*, malay. *ghaḍam*). Zur rhythmischen Begleitung eines Saiteninstruments wird ein großer, kugelförmiger Topf aus Ton mit kurzem, engem Halsstumpf von dem kreuzbeinig an der Erde sitzenden Spieler zwischen die Zehen geklemmt und mit der Hand geschlagen [Abb. 18]. Die Topfspieler entwickeln eine bewundernswerte Kunst und Geschicklichkeit; durch wechselnde Benutzung der einzelnen Handteile, Finger, Ballen usw., wird

[1] Schrank 57.

die Klangfarbe, durch Schlagen verschiedener Topfteile die Tonhöhe verändert; gern unterhalten sie ihre Hörer durch Kunststücke: das Gefäß wird unermüdlich in die Luft geworfen und beim Wiederauffangen geschlagen; am Schluß des Tonstücks werfen sie den Topf gern so auf den Boden, daß er genau auf den letzten Ton krachend zerschellt[1].

Von diesen Klangwerkzeugen abgesehen, stellen sich die Aufschlaggefäße gleich in der reifen Form des Gongs vor. Wir verstehen unter dem Namen Gong eine Schale beliebiger Form, die sich von der Aufschlagplatte durch die Wölbung oder durch die Randumbiegung unterscheidet und von der Glocke dadurch, daß nicht der Rand, sondern die Mitte Träger der stärksten Schwingungen ist; wir werden sehen, daß gewisse, namentlich hinterindische Typen diese scharfe Abgrenzung bedingen. Als Erzeugnis einer eigenartigen, unnachahmlichen Spezialindustrie ist das Gong heute auf eine verhältnismäßig eng begrenzte Gegend beschränkt: Vorder- und Hinterindien, Ostasien und Indonesien.

Abb. 19. Vorderindisches Gong. 1 : 11.

Schon die Art des Gebrauchs teilt dies Gebiet in drei Zonen; Vorderindien verwendet das Gong fast ausschließlich beim hinduistischen Gottesdienst, China mit Einschluß Indochinas überwiegend als Signalinstrument, das übrige Hinterindien und der Archipel im Orchester. Daraus ergibt sich, daß die vorderindische Gruppe am einseitigsten durchgebildet, die ostasiatische am meisten klanglich und die hinterindisch-malaiische im wesentlichen tonlich entwickelt ist.

Die vorderindischen (sanskr. *kâṃsya* [spr. kangsja], pâlî *kaṃsatâlo, kaṃso,* beng. *kâṃsara,* marâṭhî *kâṃsâla,* kann. *kaṃsâḷa,* telugu *peddagaṇṭa,* kann. *ghana, giṇḍi*) sind fast stets flach, selten leicht gewölbt; ihr Rand ist rechtwinklig nieder- oder rund-, d. h. kantenlos nieder- und einwärts- oder nur einwärts gebogen [Abb. 19]. In Hinterindien sind zunächst die eigentlich ostasiatischen für sich zu stellen, das flache mit niedergebogenem Rand (annam. *cai thañ la* [spr. tanj], das »helltönende Gong«), das flache mit niedergebogenem Rand und vertieftem Zentrum (annam. *cai ma la*), das wellige mit einwärts gebogenem Rand und mit Buckel (annam. *cai čiêṅ* [spr. tschjeng], diminut. *cai coṅ*) und das tellerförmige mit flachem, breitem Buckel und plattem Rand, das innerhalb eines Ringes mit hölzernem Handgriff aufgehängt ist (annam. *cai cañ* (spr. kanj]). Von

[1] Day, l. c.

diesen indochinesischen Modellen abgesehen, sind die ungebuckelten Gongs vorderindischen Stils auf der Halbinsel in der Minderzahl. Die Herrschaft hat das dickwandige malaiische Gong, das sich durch seine prägnante Form scharf heraushebt. Es sieht etwa wie das Biret des römisch-katholischen Meßpriesters aus: ein hoher, oft einwärts gerichteter Rand, eine gewölbte Fläche und ein mehr oder weniger kräftiger Buckel als Schlagstelle; im westlichen Archipel wird häufig noch eine Zwischenstufe zwischen Fläche und Buckel gelegt [Abb. 3, 5, 6, 20]. Kunstgewerblich hervorragende Stücke zeigen die Bedeutung, die man in der malaiischen Welt dem Gong beimißt. Die Dâyak auf Borneo z. B. stellen unter dem Namen *Čanaṅ naga* [spr. tschanang] »Schlangengong« kunstgewerbliche Meisterwerke her; auch das Berliner Museum besitzt solch ein halbmetergroßes Gong mit leicht angedeutetem polygonalem Umriß und reicher Ornamentierung aus erhabenen Schlangen- und geometrischen Motiven, das Ganze aus einer Kupferlegierung gegossen, schwarz patiniert und an einer λ-förmigen Kette aufgehängt[1]. Das Stück ist im sogenannten Wachsausschmelzverfahren hergestellt: von einem rohen Holzmodell wird ein Wachsabguß genommen und beiderseits in einen Mantel aus Ton und Sand eingeschlossen; das Wachs wird dann durch Erhitzen des Mantels ausgeschmolzen und durch die flüssige Metallegierung ersetzt; nach dem Erkalten wird der Mantel zerschlagen und der Guß gereinigt und ziseliert. Die Gongmischung scheint in ganz Indien aus etwa 78—84 Teilen Kupfer, 15—22 Teilen Zinn und gelegentlich ganz geringen Mengen von Zink und Eisen zu bestehen.

Abb. 20. Javanisches Gong (*kĕtuk*) mit Resonanzkürbis. 1 : 11.

Vor allem wird auf einen gleichmäßig und gut gefärbten Klang und auf genaueste Stimmung Wert gelegt; die hohen Preise, die der Eingeborene selbst an Ort und Stelle, etwa

[1] Auf Schrank 70.

in der altberühmten Gongstadt Sĕmáraṅ auf Java, zahlt, sind ein Beleg für den Grad der Ansprüche, die in Südostasien an derlei Tonwerkzeuge gestellt werden, Ansprüche, die demjenigen rätselhaft bleiben müssen, der das Gong nur aus den ganz minderwertigen chinesischen Essenssignalgebern unserer Landhäuser oder aus den wesenlosen Tamtams unserer Orchester kennt. Würden unsere Orchesterleiter und Tonsetzer jemals den unvergleichlich majestätischen, geheimnisvoll-übersinnlichen Klang der metergroßen javanischen Riesengongs (*goṅ*) hören, so würde unser Orchester bald um eine Farbe bereichert werden, der es bisher nichts an die Seite zu stellen hat.

Das Gong ist mit dem Leben der hinterindisch-indonesischen Völker seit langem innig verknüpft. Die Gāro oben in Âsâm — um ein Beispiel zu geben — haben ihr plattes, schmalrandiges Gong (*raṅ*) eng in ihre Lebensbeziehungen eingeschlossen. Der Verurteilte verwendet es als Zahlungsmittel zur Erlegung seiner Geldbuße; je höher der Rang eines Mannes ist, desto mehr Gongs gehören ihm, gleich wie den Mandarin die Zahl seiner Roßschweife charakterisiert; nach seinem Tod wird oft eins davon durchlöchert und aufgespießt, und der Leichnam wird vor der Verbrennung auf ein Lager aus Gongs gebettet[1]. Ähnlich kann bei den Alfuren auf Seraṅ ein Teil des Brautschatzes durch ein Gong ersetzt werden[2].

Daß das asiatische Gong, wenn auch meist nur in minderwertigen chinesischen Exemplaren, ins Abendland gedrungen ist, konnten wir bereits andeuten. Dagegen ist dem Europäer die Gongharmonika völlig unbekannt geblieben. Wie man abgestimmte Holzstäbe, Bronzeplatten und Steintafeln zu melodischen Spielen vereinigt hat, so haben die musiksinnigen Völker Ost- und vor allem Südostasiens auch Gongs verschiedener Größe zu Instrumenten von oft wunderbarem Klangreiz verbunden. Auch hier sind die »verteilten« Spiele den geschlossenen vorausgegangen, wie wir es bei den Xylophonen gesehen haben und bei den Panflöten finden werden. J. Brien sah bei den Moï im kambojanischen Hinterland acht Gongs »von verschiedener Größe und Klangfarbe, deren Tonfolge an unsere Leiter anklingt. Die Spieler kauern vor ihren Instrumenten und schlagen sie mit Holzstöcken; die kleinen Gongs werden paarweise mit beiden Händen, die vier größten von je einem Musikanten geschlagen; ein Taktschläger gibt

[1] A. Playfair, The Garos, London 1909, p. 44.

[2] M. C. Schadee, Heirats- und andere Gebräuche bei den Mansela und Neisawele Alfuren, Internationales Archiv für Ethnographie, Leiden 1914, XXII 133.

Abb. 21. Gongorchester der Moï.

den Rhythmus mit einem trockenen Schlag auf das Holz der Trommel, während der Kapellmeister, ein alter Moï mit langem, weißem Bart, auf den beiden Fellen des Instruments gleichzeitig mit zwei Schlägeln ein sehr merkwürdiges Spiel aus kleinen, übereilten und ungleichen Schlägen ausführt, die durch das unmittelbare Anstreifen der dämpfenden Schlägel gemildert werden. Die Wirkung dieses Ensembles ist sehr originell, mit einer wilden und traurigen Note, die den Eindruck des Neuen, Unbekannten macht und deren Monotonie dennoch nicht ermüdet«[1]. Unsere Abbildung 21 nach Pattés

[1] J. Brien, De Qui-nhon en Cochinchine. Hanoi 1893, p. 75.

Hinterland Moï zeigt neun Gongs mit kleinem Buckel und niedrigem Rand, die von ebensoviel Spielern hintereinander in Prozession getragen werden[1].

Analog der Entwicklung, die die Holzstäbe und die Rohrpfeifen genommen haben, mußten die von einer gleichen Anzahl Spieler bedienten Gongs zu einem einzigen Instrument verbunden und einem oder höchstens zwei Musikanten unterstellt werden. Man hat diese Verbindung auf verschiedene Arten versucht. Am originellsten ist jedenfalls die ringförmige in Hinterindien (birm. *kyè vaiṅ*, siam. lâot. *khoṅ voṅ*, kamboĵ. *khoṅ thom* und *khoṅ toč* [spr. khong totsch][2]: 16 Gongs der malaiischen Art vom kleinsten bis zu ansehnlicher Größe sind horizontal in eine niedrige Holzbalustrade gehängt, so daß sie der im Zentrum kauernde Spieler bequem erreichen kann [Abb. 1—4]. In genau entsprechender Weise bauen die Birmanen auch ringförmige Trommelspiele [Abb. 1, 2].

Die gelegentlich in Annam vorkommende Art, kleine tellerförmige Gongs innerhalb eines aufrechten Rahmens anzubringen (*cai thieu cañ* [spr. kanj]), ist dem bekannten chinesischen Yün lo entlehnt. Sie hat in Indien zu wenig Bedeutung, um hier eingehender behandelt zu werden.

Die für den Archipel kennzeichnende Form ist die eines meist schön geschnitzten, auf vier Füßen liegenden Rahmens, mit rostartiger Teilung des Innenraums; in jedem Abteil ruht ein Gong auf einem Fadenkreuz [Abb. 5, 6]. Das klassische Instrument dieser Gruppe ist das *Bonnáṅ* oder *Kromo*[3]. Es hat im Gamĕlan salèndro zehn, im Gamĕlan pĕlog vierzehn in zwei Reihen angeordnete Gongs, die sorgfältig gestimmt werden, nicht durch Bleieinguß, wie bei den Chinesen, sondern durch Abfeilen: arbeitet die Feile am Buckel, so wird der Ton höher, am Rand vertieft sie ihn. Einzelne Verfertiger hängen unter jedes Gong eine irdene Resonanzschale. Das entsprechende Instrument der Molukken heißt *tatabuan*[4], das von Brit. North Borneo »koulintaugau«[5], das der Alfuren auf Celebes *kolintaṅ*.

Rückbildungen des Bonnáṅ gibt es in Zentralsumâtra (*tĵĕlĕmpuṅ*, *tjalimpuëṅ*, *talimpuëṅ*, *talemoṅ*). Gewöhnlich bestehen sie nur aus einer einzigen Reihe von fünf bis sieben völlig unbearbeiteten, selten aus zwei Reihen zu je fünf

---

1 P. Patté, Hinterland Moï, Paris 1906, Taf. 20.

2 Schrank 55.

3 Schrank 74; Abb. in C. Sachs, Real-Lexikon der Musikinstrumente, Berlin 1913, p. 56.

4 K. Martin, Reisen in den Molukken, 1894, p. 59.

5 Exemplar mit dieser Anzeichnung in der Crosby Brown Collection des Metropolitan Museum of Arts zu New York.

sorgfältig gearbeiteten Gongs. Seltsamerweise werden sie angeblich nicht aus Java bezogen, sondern aus Singapore. Als Importware sind sie verhältnismäßig teuer und daher fast ausschließlich in den Händen der vornehmsten Häuptlinge oder — im Rawasgebiet namentlich — Dorfeigentum und Begleitinstrument für die gemeinsamen Tänze der jungen Mädchen und Burschen [1].

Nähere Einzelheiten über Gongs und Gongspiele findet der Leser in den Exkursen am Schlusse dieses Buchs.

Ungefähr auf der gleichen Linie von Tibet und Südchina durch Hinterindien und den ganzen Malaiischen Archipel bis zu den Kêi-Inseln läuft eine alte Nebensippe der Gongfamilie, die heute dem Aussterben nahe ist. Diese Sippe pflegt in der ethnologischen Literatur nicht gerade glücklich als *Metalltrommel* oder *Bronzepauke* bezeichnet zu werden; wir schlagen dagegen die sachlich richtigere Benennung *Kesselgong* vor. Es handelt sich um bronzene Kessel mit flachem oder leichtgewölbtem Boden und mit einer Reihe von Henkeln nahe dem Rande, an denen sie aufgehängt werden [Abb. 22]. Der Boden wird mit einem kräftigen Schlägel in Schwingung versetzt, während die Wand, mit einem dünnen Stäbchen perkutiert, die Oberoktave hören läßt [2]. Die mit einer ehrwürdigen Patina bedeckten, zugleich monumentalen und eleganten Gebilde mit ihrer geschmackvollen, fein ziselierten Ornamentik haben seit Jahrzehnten die Blicke des Beschauers gefangen und das Interesse des Forschers geweckt. Auch diese Kunst, die in eigenen Werkstätten betrieben wird, ist wie alle andern Techniken der alten Kulturvölker dem Untergange geweiht. Unser Museum ist in der glücklichen Lage, vier herrliche Stücke zeigen zu können: zwei von den Âbor in Tibet (*dañki* [Zusammenhang mit beng. *dañkâ*, hind. *ḍañkâ* »Trommel«?]) mit gewölbtem Boden, ausladender Wand und spärlichen buddhistischen Emblemen, eins von den Karên (*pâzi*) mit einfach gewellter Wand, reicher Ornamentik und vier angegossenen Tierfiguren auf dem flachen Boden, und eins von den Lolo, in der südchinesischen Provinz Sečuañ, der vermutlichen Heimat des Typus, mit flachem Boden, eingezogener Wand und reichem Dekor [3].

---

[1] M. Moszkowski, Auf neuen Wegen durch Sumatra, Berlin 1909, p. 112. — Encyclopædie van Nederlandsch Indië II 634 f.

[2] M. & B. Ferrars, Burma. London 1900, p. 153.

[3] Glaskasten 47 d. — F. Heger, Alte Metalltrommeln aus Südostasien, Leipzig 1903. — J. D. E. Schmeltz, Bronze-Pauken im Indischen Archipel, Suppl. z. Internat. Archiv für Ethnographie vol. IX. — De Groot in Verhandelingen der Koninklijken Akademie van Wetenschappen, 4e Reeks Deel II 348. — W. Foy, Alte Bronze-Trommeln aus Südost-Asien, in Mitteilungen der Anthropologischen Gesellschaft

Abb. 22. Gießhütte für Kesselgongs (Šan).

Kesselgong Gußmantel Blasebalg

Die Glocken, d. h. Schlaggefäße, deren Rand Träger der stärksten Schwingungen ist, deren Scheitel also unbeschadet

zu Wien, XXXIII, 1903, p. 390 ff. — G. W. W. C. van Hoëvell, Mitteilungen über die Kesseltrommel zu Bonto-Bangun (Insel Saleyer), im Internat. Archiv f. Ethnogr. XVI 155 ff. — J. D. E. Schmeltz, Einige vergleichende Bemerkungen über die Kesseltrommel von Saleyer, ebenda p. 158.

des Klanges festgelegt werden kann, nehmen innerhalb Indiens eine völlig andere Stellung ein als die nahe verwandten Gongs. Die wesentliche Form ist die der frei geschwungenen Handglocke (sanskr. pâlî beng. pañj. marâṭhî *ghaṇṭâ*, hind. *ghanṭâ*, guǰar. *ghaṇṭa*, telugu *gaṇṭa*, kannar. *ghaṇṭĕ*, tamiḻ *maṇi*, javan. *gĕntâ*) aus einem elegant geschwungenen Bronze- oder Messinggefäß mit bequemem Handgriff und dickem, im Innern angelenktem Klöppel. Der Stiel wird oft in kunstgewerblich hervorragender Weise mit Götterbildern und mythologischen Symbolen geschmückt; Śeša-Schlange, Donnerkeil, Śiva und sein Dreizack *triśûla*, Višṇus Adler Garuḍa und der Affenkönig Hânuman — beide oft in zweifrontiger Doppelfigur oder, von der Schlange überragt, nebeneinander — sind die gebräuchlichsten Motive [Abb. 23]. Von Tibet über ganz Vorderindien hinab, sowie im alten, hinduistischen Java und auf Bali, dem letzten Schlupfwinkel des indonesischen Hinduismus [1], herrscht dieser Typus, aber, wie sich schon aus dem mythologischen Dekor ergibt [2], ausschließlich als gottesdienstliches, niemals als profanes Gerät. Die Glocke hat wie die Becken das Amt und die Kraft, böse Geister fernzuhalten und Stätte und Person zur Anbetung der Gottheit zu reinigen. Aus diesem Gedanken heraus erklären sich die Schellen am Gewande des jüdischen Hohepriesters, die er beim Betreten des Allerheiligsten anlegen muß, auf daß er nicht sterbe, es erklärt sich das ägyptische Sistrum, das der Ghaṇṭâ nach seiner Verwendung genau entspricht, ja, die christliche Kirchenglocke überhaupt, die Armesünder-, die Sterbeglocke und jede andere, die nach altem Brauch geläutet wird. Bei den aborigenen Toda im Nîlgiri-Gebirge ist die Glocke als Symbol der Gottheit, als Repräsentant des Hauptgottes Hiriadêva noch heute heilig [3]; bei Leichenfeiern wird sie den Opferrindern um den Hals gehängt [4]. Der südindische

Abb. 23. Vorderindische Stielglocke (*ghaṇṭâ*). 1:9.

[1] Seit 1468 ist der Islâm in Java Alleinherrscher (E. Kuhn, Der Einfluß des arischen Indiens auf die Nachbarländer im Süden und Osten, Rektoratsrede, München 1903, p. 20).

[2] Kurze Bemerkungen über den Sinn des Schmuckes an Musikinstrumenten bei J. M. Campbell, Notes on the Spirit Basis of Belief and Custom, Indian Antiquary XXV, 1896, p. 36.

[3] G. Oppert, Über die Toda und Kōta, Zeitschrift für Ethnologie XXVIII 216.

[4] W. E. Marshal, A Phrenologist amongst the Todas, London 1873. — J. W. Breeks, Account of the Primitive Tribes and Monuments of the Nilagiris, London 1873, p. 21, 23.

Brauch, bei den Teufelsaustreibungen des Bhûta-Dienstes den Vermummten, die mit Schwertern zwischen den besessenen Weibern herumspringen, Schellen auf den Rücken zu hängen[1], ist vielleicht der deutlichste Ausdruck für den ausräuchernden Charakter des Glockenklangs.

Die Handglocke im engeren Sinn scheint indischen Ursprungs zu sein. Schon 175 n. Chr. erzählt Bardesanes, der syrisch-griechische Philosoph, die indischen Priester beteten beim Klange des κώδων[2], Ausgrabungen haben viele Glocken aus alten Steinkammern verschiedener indischer Gegenden zutage gefördert[3], und bereits die frühestenSanskrit-Wörterbücher bringen den Namen *ghaṇṭâ*, dessen etymologische Primitivität — »die klingende«; vgl. lat. *cantus* — entschieden für die Nichtentlehnung des Gegenstandes spricht.

Abb. 24. Tonkinesische Standglocke (*cai čuoṅ de čuṅ*). 1 : 11.

Die gottesdienstliche Glocke Hinterindiens ist von der Ghaṇṭâ scharf unterschieden. Die kleineren Formen würde der unbefangene Beschauer kaum für Glocken halten, weil ihnen fast alles fehlt, was für eine Glocke kennzeichnend zu sein scheint, der Handgriff oder Hängering und der Klöppel. Es sind einfache Näpfe von etwa halbkugeliger Gestalt, deren Rand mit einem rohen Hölzchen geschlagen wird. Die kleinsten (annam. *cai tiu*) erhalten ihren Platz auf der flachen Hand, Scheitel unten, Öffnung oben, und geben ihrer dünnen Wandung wegen einen reizlosen blechernen Ton; die größeren [Abb. 24], halbfußweiten (annam. *cai čuôṅ de čuṅ* [spr. tschuóng de tschung]) ruhen mit dem Scheitel auf einem Kissen und lassen infolge ihrer zentimeterdicken Wandung einen prachtvoll klaren, goldigen Ton, ähnlich dem der bronzenen Schlagplatten hören[4].

Große, frei in einem niedrigen Galgen aufgehängte Glocken kommen bis Birma herüber vor und stellen mit der berühmten, angeblich 56 000 Pfund schweren Tempelglocke von Rangun gleichzeitig ihren westlichsten und ihren gewaltigsten Vertreter. Sie sind unsern Kirchenglocken ähnlich, aber schlanker, geradliniger und in der Regel reicher reliefiert; einen befestigten Klöppel haben auch sie nicht.

Dem gegenüber herrscht eine ungeheure Mannigfaltigkeit in kleineren Glöckchen, die zu Schmuckzwecken angelegt

[1] F. Jagor, Berichte über verschiedene Völkerstämme in Vorderindien, Zeitschrift für Ethnologie XXVI 64.

[2] Porphyr. de abstin. 4, 17. — Vgl. auch Megasthenis Indica.

[3] H. T. Ellacombe, Bells of the Church. Exeter 1872.

[4] Schrank 57.

oder den Herdentieren um den Hals gehängt werden. Es kann nicht im Interesse der Darstellung liegen, all die Formen, Abarten und Entwicklungsstufen dieses Glöckchentyps einzeln vorzunehmen, von den abenteuerlichen Hummerscherenglöckchen der Mĕntâvei-Insulaner (*agau*)[1] und den Schneckenglöckchen der Bönoṅ [Penong] in Kambodja (*magelin̊*)[2] bis hinab zu den hölzernen Riesenglocken (*gegrumbuṅan*)[3], die den Büffeln zur Eröffnung der Feldarbeit von den Malaien umgehängt werden, und den sorgfältig ziselierten Bronzestücken der hinterindischen Kulturvölker. Nur zwei mögen als besonders charakteristisch herausgegriffen werden. In Lâo hat das Vieh Eisenglocken in Form eines der Länge nach geschlitzten Kegelstumpfs, dessen Tragring an einer dreigliedrigen Kette hängt; zum Anschlagen dienen zwei auf die gleiche Kette gereihte längere Außenklöppel, die aus je zwei durch Gelenke verbundenen Teilen bestehen[4]. Sie sind ein Beispiel für das außerordentliche Raffinement vieler überwundener Typen. Die andere eigentümliche Form einer Viehglocke ist flach, taschenförmig, aus Holz, mit angeschnitzten Tragösen und bis zu fünf Klöppeln an einer gemeinsamen Stange; sie geht von Âsâm (siṅpho *konroṅ*)[5] hinab nach Kambodja (bönoṅ *dänṅo*) und kehrt in Afrika, im Gebiet des belgischen Kongo, sowie in Estland (*krapp*) wieder.

Die Verbindung mehrerer Glocken zu einem melodischen Instrument kommt — freilich sehr selten — in Vorderindien vor. Ein unserm Verrillon ähnliches Glockenspiel aus Porzellan- oder Tontassen im Umfang von zwei bis drei Oktaven, die durch Wasserfüllung gestimmt werden, *jâlatharâṅginî* [spr. *dschalatarángini*] (pañjâbî hindûst. marâṭhî *jaltaraṅg*, von *jal*[*a*], Wasser), wird mit zwei filz- oder korkbekleideten Schlägeln oder, wie es scheint, durch Bestreichen des Randes gespielt. Angeblich soll es schon um 700 in einem Sanskritwerk erwähnt sein[6]; immerhin sind Schlagspiele in Vorderindien so ungebräuchlich und passen nach dem Stande unserer Kenntnis so wenig hin, daß man an ein beträchtliches Alter kaum wird glauben können.

Das eigentliche Glockenspiel ist die siebentonige *Saptaghâṇṭika* oder *Saptasvâraba*; ihr vermag der Filzhammer bedeutend vollkommenere Klänge zu entlocken. Das *Gomgom* aus Eisenglocken verschiedener Größe, das einst Stavorinus

[1] Schrank 68 b.
[2] Schrank 58.
[3] Exemplar von Bali im Rijks Ethnographisch Museum zu Leiden, Nr. 370 898.
[4] Schrank 59.
[5] Schrank 60.
[6] Day l. c. 105.

in Batavia auf Java sah [1], ist vielleicht identisch mit dem gelegentlich im Gamělan verwendeten *Saron tjělurin*, dem höchsten Saron, bei dem die Platten durch Bronzeschalen ersetzt sind.

Die Glöckchen, die am Gewande des Menschen oder am Halse des Haustieres hängen und durch die Bewegungen ihres Trägers zum Klingen gebracht werden, bilden den Übergang zu einer neuen Art von Klangwerkzeugen, die zwar ebenfalls Schlag-Idiophone sind, aber im Gegensatz zu allen bisher behandelten stehen. Von den einfachen Gegenschlagstäben bis hinauf zu den Glockenspielen werden alle diese Instrumente vom Menschen unmittelbar geschlagen; unmittelbar in dem Sinne, daß jeder Schlag eine spontane Willensäußerung des Spielers ist und jede Gruppe von Schlägen ebenso viele Bewegungen des Musikers voraussetzt. Die Rasseln, in deren Gebiet jene Hängeglöckchen schon fallen, sind ebenfalls Schlaginstrumente; aber das Zusammenschlagen ihrer Teile geht nicht zurück auf Schlag-, sondern auf Schüttelbewegungen des Trägers, die durchaus unwillkürlich sein können. Entsprach bei jenen andern Instrumenten jeder Bewegung ein Schlag, so kann bei den Rasseln eine Bewegung einen ganzen Komplex von Schlägen auslösen, je nach der Zusammensetzung des Apparats und der aufgewandten Kraft. Genetisch kommt dieser Unterschied auf die Gegenüberstellung von anthropomorph und chrematomorph heraus: gingen die Klappern und ihre Abkömmlinge auf den Menschen selbst, auf das klatschende Zusammenschlagen der Hände zurück, so die Rasseln auf unbelebte Gegenstände und ihre zufällige Verfassung, auf die Zähne oder Knochen erlegter Menschen und Tiere, die man auf eine Schnur gereiht und um den Hals gehängt hat, auf vertrocknete Früchte mit ihren Samenkörnern, auf gefüllte Vorratssäcke und was sonst die Natur und das primitive Leben zu bieten vermögen.

In der Rangordnung der Tonwerkzeuge stehen die Rasseln noch unter den Klappern. Da sie, wie wir hervorhoben, auf eine einfache Bewegung des Spielers in der Regel mit einem nicht scharf abgegrenzten Komplex von Klängen reagieren, so kann naturgemäß nur eine grobe Rhythmik ihre Dienste in Anspruch nehmen. Jede feinere Rhythmik verlangt die unmittelbare Herrschaft des Spielers, sie fordert einen Klangapparat, der vom Gehirn des Musikers bis zum schwingenden Körper mit exaktester Zuverlässigkeit arbeitet. Daher steht

[1] Account of Java and Batavia, Engl. Translation, Pinkerton Coll. IX 172.

bei den Völkern die Verbreitung der Rassel im umgekehrten Verhältnis zur Kulturhöhe.

Indien ist im wesentlichen längst über die Zeiten hinaus, in denen Rasseln eine Rolle spielen. Nur Tänzer, Zauberer, Bettler und Kinder, die gewöhnlichen Erben überlebter Kulturgüter, haben ihren Gebrauch beibehalten.

Die Fußknöchelspangen aus aufgereihten, kreuzförmig geschlitzten, zentimetergroßen Metallschellen (sanskr. *ghuṅghurû*, beng. *ghuṅgura*, hindûst. *ghûṅgrû*, *ghuṅgrû*, bhoǰpurî *ghughur*), die bei männlichen und weiblichen Tänzern Vorderindiens, Hindû wie Mûhammedanern, gebräuchlich sind, genießen fast fetischistische Verehrung [Abb. 25 u. 82]. Nie werden sie angelegt, ohne vorher gegen Stirn und Auge gedrückt worden zu sein; kein Tänzer bindet sie um, ohne ein kurzes Gebet zu sprechen. Wie der Sporn des Ritters, wie der Schleier der Nonne, ist die Schellenschnur das heilige Symbol des Tänzerstandes, und ihre feierliche Verleihung gleichbedeutend mit der Einkleidung der Nonne; die Nâč, die sie je umgebunden hat, vermag nicht mehr aus den Reihen der Tänzerinnen zu scheiden [1].

Abb. 25. Vorderindische Tanzrassel (*ghuṅghurû*). 1 : 9.

Im Archipel werden gelegentlich, z. B. in Zentral-Celébes, ähnliche Rasseln aus zwei genieteten, glockenförmigen Metall-

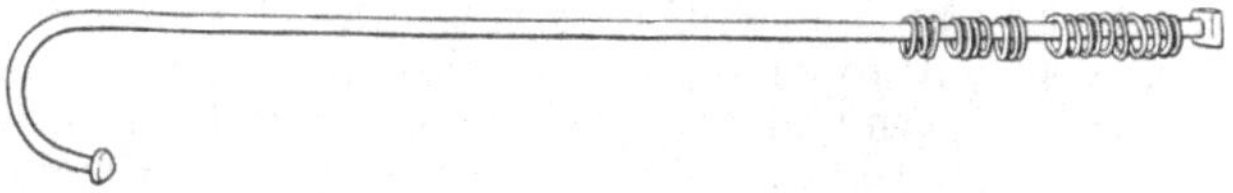

Abb. 26. Kaśmirische Faqîr-Rassel (*dara*).

schellen (*bâṅkúla*) mit oder ohne gemeinsamen Außenklöppel, das Ganze auf eine Schnur gereiht, von den Kriegern nach erfolgreicher Kopfjagd an der Hüfte getragen [2]. Kampf und Tanz sind ja bei den Naturvölkern innigst verbunden, wie denn auch nach Sokrates der beste Tänzer der beste Krieger ist.

Die nordindischen Faqire haben eine andere Art der Reihenrassel (»*dara*«), die zwar nicht den Rang eines Symbols oder auch nur eines Standesabzeichens hat, immerhin aber ausschließlich im Dienst dieser Asketen steht. Auf einen hakenförmigen Eisenstab sind Ringe gereiht; der Bug wird mit der linken Hand gefaßt und die Abschlußplatte des entgegengesetzten Endes auf den rechten Arm gelegt; jede Bewegung

[1] P. T. French, Catalogue of Indian Musical Instruments, in S. M. Tagore, Hindu Music, Calcutta 1882, p. 245.

[2] Schrank 108. — A. Grubauer, Unter Kopfjägern in Zentral-Celebes, Leipzig 1913, p. 482.

wirft die Ringe gegeneinander und gegen den Stab [Abb. 26]. Eine Abart hat statt des einfach umgebogenen Endes ein breit-gabelförmiges; der Besitzer kann dann sein Instrument gleichzeitig als Krücke (*bairâgâ*) benutzen, um den sitzenden Körper im Schlaf zu stützen [1]. Eine fast identische Stabrassel hat sich in den germanischen Ländern bis nach Schonen hinauf erhalten, der Klingelstock der Pferdehirten, den der Brandenburger als *Klimperküle* bezeichnet: eine leicht gebogene Holzkeule mit gleichfalls wenig gebogener Eisensehne und eisernen Rasselringen auf ihr [2]. Die Quelle ist hier der altbuddhistische Rasselstab (sanskr. *khakkara*), der noch in Turkistân, Tibet, Ostasien und in der armenischen Kirche fortlebt.

Abb. 27. Moderne vorderindische Bronze-Gefäßrassel. 1 : 3.

Abb. 28. Prähistorische Bronze-Gefäßrassel aus Südindien. 1 : 3.

Die Kinder haben bei der Erbteilung im wesentlichen die Gefäßrassel übernommen (sanskr. beng. *jhañjhana*, hindûst. *jhunjhunâ*, *jhunjunâ*, pañjâbî *jhuñjhuna* [spr. dschúndschuna], marâṭhî *ravularavulâ*, tamiḻ *kiluku*, *kilukiluppei*, malayâḷam *gilgillepa*, telugu *giluka*, kannar. *kiri kiri*). Das enge Motiv eines Hohlraums mit Handgriff und Kügelchenfüllung hat alle Handwerke beschäftigt. In braunem Ton knetet der Töpfer roh die Form des Flaschenkürbisses nach. Vertrocknete Früchte, in denen die Samenkörner rasseln, nehmen andere zum Ausgangspunkt; der Töpfer verbindet ein Tongefäß mit einem Holzstiel, der Korbmacher flicht sie sauber und elegant aus den Blättern der Palmyrapalme (*Borassus flabelliformis*, hindûst. *baltâṛ*, *tâṛ*, beng. *tâla*, kannar. *tâla*, *ôlĕ*) [3], der Klempner

[1] Schrank 17.

[2] Vgl. O. Schell, Der Klingelstock der Hirten, in Zeitschrift des Vereins für Volkskunde 1910, p. 317. — Exemplar im Museum für deutsche Volkskunde zu Berlin.

[3] Korbrasseln waren früher den Kañjâr heilig; heute verkaufen sie sie den Hindûkindern als Spielzeug (W. Crooke, Tribes and Castes of the NW.Prov. and Oudh, Calc. 1896, III 149).

biegt und lötet sie aus Eisenblech, der Drechsler dreht sie aus Holz und der Gießer formt sie aus Bronze[1]. Die Metallarbeit namentlich ist interessant; der Gürtler hat am treuesten die Fruchtform des Originals bewahrt. Ein sehr altes Stück, das aus einer Steinkammer bei Salem im südlichen Vorderindien ausgegraben worden ist, gibt sogar das leichte Auseinanderstreben der oberen Blattenden; nicht umsonst bedeuten die indischen Rasselnamen »Frucht von *Crotolaria laburnifolia* Lin. oder *sericea*« [Abb. 27, 28]. Der kleine Seitensprung, den sich einige Gießer gestatten, indem sie an das Unterende des Stiels noch ein zweites, gleiches Ovoïd setzen, verdient deswegen angemerkt zu werden, weil im belgischen Kongogebiet ganz identische Hantelrasseln aus zusammengeflochtenen Stengeln vorkommen.

Abb. 29. Javanische Gitterrassel (*haṅkluṅ*).

Diese wie die unzähligen andern Rasselarten Indiens sind als Artefizierungen von Naturerzeugnissen Gemeingut der Menschheit. Nur eine einzige, die so seltsam ist, daß Crawfurd sie sogar als Windinstrument (!) glaubte bezeichnen zu sollen, hat auf der ganzen Erde keinen nahen Verwandten: die Gitterrassel der Javaner (javanisch *haṅkluṅ* [spr. *ángklung*], malaiisch *aṅkluṅ*) [Abb. 29]. Es handelt sich bei ihr um das Prinzip der Rassel, angewendet auf die abgestimmten, oben rinnenartig ausgeschnittenen Bambusröhren, die wir als Vorstufe des Xylophons einzeln in den Händen der Lâoten gesehen hatten. Dort schlug jeder Mann seine Röhre mit einem Stäbchen; hier hängt man sie paarweise oder zu dritt in einen Gitterrahmen, derart, daß ihre Enden in den Ausschnitten eines Querbambus gleiten und beim Schütteln des Apparates tönend gegen die Ränder schlagen; die Gitterspitzen tragen häufig Federschmuck[2]. Wer den Weg ins Innere des westlichen Java — namentlich in die Preanger-Regentschaften — nimmt, kann Trupps von vierzig bis fünfzig Eingeborenen sehen, die ihren uralten, wilden Tanz aufführen, ein jeder

[1] Schrank 121.
[2] Schrank 74.

mit dem büschelbekrönten Hańkluń in den erhobenen Händen. Alle diese Rasseln sind so abgestimmt, daß die einzelnen Röhren jedes Gitters den gleichen Ton in verschiedenen Oktaven bringen; die Gesamtheit der Gitter bildet eine durch mehrere Oktaven gehende pentatonische, fünfstufige Skala, die man sich ungefähr herstellen kann, wenn man auf dem Klavier nur die schwarzen Obertasten anschlägt. Der Eindruck ist auch für europäische Ohren sehr angenehm; der Klang erinnert lebhaft an den des Herdengeläuts.

Im Leidener Museum wird ein gleiches Stück aufbewahrt, das angeblich aus Westborneo stammt[1]; vielleicht ist es nur verschleppt.

Die Javanen, die einzelne abgestimmte Holzstäbe zu Xylophonen, Metallplatten zu Metallophonen und Gongs zu Gongspielen vereinigt haben, sind auch gegenüber dem Hańkluń nicht bei Sätzen einzeln gespielter Stücke stehengeblieben. Es begegnen Rasselspiele aus zwanzig Hańkluńs, die an einem Querstab hängen und von einem einzigen, am Boden kauernden Spieler in melodischer Folge geschüttelt werden. Eine Flöte (*suliń*), eine Trommel (*kĕndań*) und eine Geige (*rĕbâb*) vervollständigen es zu einem kleinen Ensemble, das gern als Surrogat des Gamĕlan angesehen wird[2].

Schrapinstrumente nennen wir diejenigen Idiophone, deren gezahnte oder gefurchte Oberfläche mit einem Stäbchen schnell geschrapt wird; wenn das Stäbchen — oder Plättchen — über die Fläche fährt, wird es abwechselnd durch die Erhöhungen hinaufgezogen und nach dem Erklimmen der Höhe energisch gegen das folgende Tal geschnellt; es findet demnach eine fortgesetzte Perkussion statt, die sich in einen knarrenden Klang umsetzt. Die Anregung mag die weitverbreitete »Feuersäge« gegeben haben. Alle Erdteile zeigen noch Reste dieser Spielart, in der man wohl die Anfänge des Streichens erblicken darf; die indische Welt aber ist an solchen Tonwerkzeugen besonders reich, nicht im Hinblick auf die Häufigkeit ihrer Verwendung, wohl aber auf die Fülle ihrer Benutzungsarten.

Die Muṇḍâri in Čhôṭâ Nâgpur, den Indologen als Vertreter einer äußerst archaischen Kultur bekannt, fahren mit den Spähnen eines bis zur Hälfte fein zerspaltenen Bambusstücks über einen gekerbten Holzstock [Abb. 30]; diesem mehr als einen Meter langen Stab mit seinem federbuschförmigen Blechaufsatz auf der Spitze und seinem Borsten-

[1] Leiden, Rijks Ethnographisch Museum Nr. 1721/1.

[2] P. J. Veth, Java, Haarlem 1875, I 476 ff. — Tijdschr. v. Nederl. Indië 1874, I 105.

schmuck sieht man den Beruf als Musikinstrument kaum an [1]. Etwas ganz Ähnliches finden wir bei den Guato-Indianern in Brasilien. Sie haben ein ausgekerbtes Rohrstück (*caracaxa*), das in der Längsrichtung mehrfach aufgespalten ist; mit einem Stück Horn schrapen sie über die Kerbfläche und verändern willkürlich die Tonhöhe, indem sie einen oder mehrere Spähne abbiegen.

Sonderbarer noch sind gewisse Typen des südlichen Hindûstân, die nicht nur musikwissenschaftlich eine eigene Stellung einnehmen; auch der Ethnologe wird einmal zu diesen merkwürdigen, absichtlich oder mißverständlich gekreuzten Tonwerkzeugen Stellung nehmen müssen. Es handelt sich um den merkwürdigen Fall, daß ein eingeschlepptes oder eingeborenes Instrument äußerlich zwar fast unverändert gelassen, aber einem gänzlich verschiedenen Prinzip unterstellt wird. Der Typus (*darkun*) muß uralt sein; das geht schon daraus hervor, daß seine Besitzer, die Bhuiyâr im Mirzapur-Distrikt (United Provinces), es nur einmal im Jahre zur Feier des höchsten religiösen Festes hervorholen. Nach seinem Aussehen und seinem ursprünglichen Wesen ist es ein sogenannter Musikbogen: ein Saiteninstrument, dessen einzige Bastsaite zwischen den Enden eines zwei Meter langen Bambusbogens ausgespannt ist und das man, dem besseren Klang zuliebe, mit dem einen Ende auf den Boden, mit dem andern auf einen Resonanzkorb auflegt. Das Saitenspiel scheint indessen völlig unbekannt zu sein; ein Stück weit ist die Stange ausgekerbt, und diesen Teil schrapt man mit einem Hölzchen, wobei offenbar die Saite sympathetisch mitklingt. Derselbe Schrapbogen mit derselben Spielart kommt außerhalb Vorderindiens in Westafrika, südlich der Kongomündung, bei den Musorongo, vor. Einen genau gleichen Schrapbogen fand Crooke bei den Korvâ in Bengalen; bei ihnen begleitet er die Kurma, die in die größte Ausschweifung ausartenden religiösen Tänze. Als einziger Unterschied wird angegeben, daß als Schraper nicht ein Stäbchen, sondern eine aufgesplitterte Bambusrute dient [2],

Abb.30. Schrapstock der Muṇḍâri. 1:11.

[1] Schrank 14 a.

[2] H. Balfour, The Natural History of the Musical Bow, Oxford 1899, p. 56 ff.

wie wir sie zu gleichem Zweck bereits bei den Muṇḍârî kennengelernt hatten und auch beim chinesischen Schraptiger *yü* sehen können. Zu diesem Tiger möge in Parenthese gestellt werden, daß nach einer Notiz Daltons die Vortänzer der Korvâ eine Stabzither spielen, von deren beiden Resonanzkalebassen die eine einen nettgearbeiteten, an einem Draht auf- und abspringenden und herumtanzenden Tiger trägt [1]. Der Tiger kehrt in gleicher Aufmachung bei birmanischen Kinderspielsachen wieder.

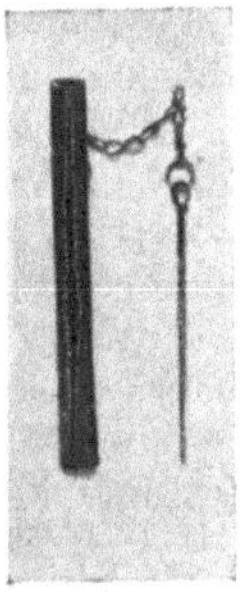

Abb. 31. Schrapröhre von Travancore (*kokkurei*). 1 : 9.

Als Schrapröhre könnte man ein sonderbares — wie es scheint einzigartiges — Lärmwerkzeug von Travancore bezeichnen, das *Kókkurei* (tamiḻ, offenbar von sanskr. *khakkara* »Rasselstab«) oder *Kókkara* (malayâḷam). Ein kleines Eisenblech mit zwei ausgezahnten Rändern ist derart zu einer Zylinderröhre zusammengebogen, daß die Zahnränder sich fast berühren; mit einem gleichfalls eisernen, spiralig geschmiedeten Stäbchen fährt der Spieler auf diesen Rändern hin und her [Abb. 31]. Nur Zauberern ist es eigen [2].

Schließlich wird man mit einiger Überraschung auch das höchstentwickelte Schrapinstrument, unsere Schnarre oder Ratsche, in Bengalen wiederfinden [Abb. 32]. Sie besteht aus einem Zahnrad, dessen spannenlange Achse als Stiel dient, und einem kantelförmigen, um die gleiche Achse frei drehbaren Stock, von dem ein abgespaltenes dünnes Blatt beim Herumschwingen von den Zähnen des Rades abgebogen wird und vermöge seiner Steifigkeit wieder zurückschlägt [3]. Im europäischen Leben steht das Instrument als Signalapparat der Amsterdamer Müllabfuhr und einiger ostdeutscher Nachtwächter noch im aktiven Dienst. Überall sonst in Europa und, wie es scheint, in seinem Vaterlande Vorderindien selbst, hat es schon in der Kinderwelt Obdach suchen müssen. Der Hindûstânî- und Pañjâbîname ist *čarkhî* (fem.) »Rad«, beng. *čarki*, kann. *giṛugaṭĕ*.

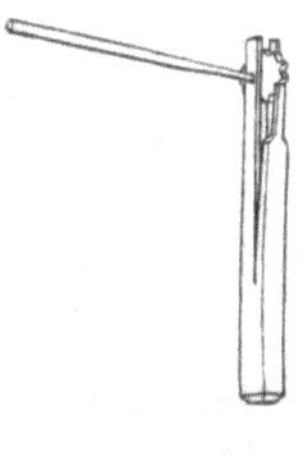

Abb. 32. Bengalische Kinderschnarre (*čarki*). 1 : 8.

[1] E. T. Dalton, Descriptive Ethnology of Bengal, Calcutta 1872, p. 228.

[2] Schrank 3. — Mateer, Native Life in Travancore p. 49. — Zeitschrift für Ethnologie XI 79.

[3] Schrank 19.

Maultrommeln.

Maultrommeln sind keine Blasinstrumente! Diese so weit verbreiteten und wichtigen Instrumente, deren eigenartigem Wesen die einzelnen Sprachen bald mit der Bezeichnung »Trommel«, bald mit den Namen »Harfe«, »Geige« oder »Trompete« gerecht zu werden versuchen, sind vielmehr ebenfalls Eigenklinger wie Klappern, Gongs, Glocken und Rasseln, nur werden sie nicht geschlagen, sondern gezupft.

Eine Maultrommel besteht aus zwei Teilen, dem Bügel oder Rahmen, der mit den Zähnen gepackt und mit der linken Hand gehalten wird, und der Zunge, einem stark elastischen Blättchen, das nur an der Wurzel mit dem Rahmen zusammenhängt und frei innerhalb der Rahmenöffnung schwingt, wenn es abgebogen wird. Der kurze Schwirrton wäre an sich fast unhörbar; da aber die Zunge zwischen den menschlichen Zähnen vibriert, wirkt die Mundhöhle als Klangverstärker. Jeder musikalische Klang ist nun ein Vielfaches, ein Grundton mit einer theoretisch unendlichen Reihe bestimmter Obertöne, deren mehr oder weniger hörbares Mitklingen die sogenannte Klangfarbe, also den entscheidenden persönlichen »Ton« eines Instruments herstellt, unter Umständen aber sogar — bei vielen Glocken z. B. — sich selbständig gegenüber dem Grundton durchsetzt und so die wahrnehmbare Tonhöhe verändert. Eine durch Übung leicht erzielbare Volumenänderung, entsprechend derjenigen, die die Vokale unserer Sprache bildet, vermag den einen oder andern Oberton des Klanges einer Maultrommelzunge derart zu verstärken, daß für das Ohr dieser und nicht der Grundton den Sieg davonträgt; mit andern Worten: der Maultrommler kann während des Spielens in gewissen engen Grenzen den durch die Zunge gegebenen Ton verändern, also innerhalb eines beschränkten Möglichkeitsbereichs Melodien hervorbringen. In seltenen Fällen wird die Maultrommel nur auf ihr Bambusfutteral gesetzt; dieser primitive Resonator kann dann den Ton wohl verstärken, aber nicht verändern[1].

Es gibt zwei Arten Maultrommeln, die gewöhnlich nicht ganz richtig Bambus- und Eisenmaultrommeln genannt werden, besser indes als Rahmen- und Bügelmaultrommeln zu bezeichnen sind. Die Rahmenmaultrommeln bilden die ältere Stufe: aus einem schmal-länglichen Plättchen von Bambus, Palmholz oder auch Metall ist durch Einschnitte eine Zunge herausgelöst. Diese Lamelle wird aus der Ruhelage gehoben, indem entweder unmittelbar durch die Finger oder unter Vermittlung einer Zugschnur mit Knebel das Ende

[1] Vgl. z. B. Skeat & Blagden l. c. 122.

des Rahmens, das die Zungenwurzel enthält, in rascher Folge abgebogen und losgelassen wird. Die jüngeren heteroglotten haben statt des Rahmens einen Bügel aus starkem Draht in Form einer am offenen Ende verengten Rundung — wie beim Hufeisen, beim Offiziersepaulett usw. — und eine Blechzunge, die auf den Bügelscheitel gelötet ist und frei durch die verengte Öffnung hindurchschwingt; beim Spielen wird nicht der Bügel abgebogen, sondern unmittelbar die winklig auslaufende Zungenspitze.

Die Verbreitungsgebiete beider Maultrommeln stoßen in Indien zusammen. Der Rahmenmaultrommel gehören Südostasien, der Malaiische Archipel und die Südsee, der Bügelmaultrommel Vorderindien, Zentral-, Nord- und Westasien sowie Europa. Die Grenze zieht sich scharf am Südabhang des Himâlaya und am Brahmaputra entlang; sie wird streng respektiert; nur Teile von Java, Sumâtra und Malâka haben verschleppte Bügelmaultrommeln neben die Rahmenmaultrommel gestellt.

Die Bügelmaultrommel Vorderindiens (sanskr. *mučaṅga* [spr. mutschánga], angeblich von *mukha* »Mund« und *čaṅga* »Zupfinstrument«, beng. *močaṅga*, *mučaṅga*, hind. *murčaṅg*, *muṅh-čaṅg*, kâśmîrî *munčaṅg*, pañjâbî *munčaṅg*, marâṭhî *morčaṅg*, telugu *moračaṅgu*, *morčiṅgu*, tamiḻ *môrśiṅgu* [spr. mórschingu], kann. *čaṅgu*) hat einen vogelkopfförmigen Bügel aus Eisen und eine mit der Wurzel über den Scheitel des Bügels hinausgreifende Stahlzunge [Abb. 33]. Die europäische Maultrommel, die noch um 1800 sogar in den Konzertsälen eine Rolle spielte und erst im Laufe des neunzehnten Jahrhunderts als Volksinstrument von der Mundharmonika abgelöst worden ist, sieht genau so aus. Zwar greift bei ihr die Zunge nicht rückwärts über den Bügel hinaus; aber der älteste europäische Beleg, von den Ausgrabungen der Burg Tannenberg (Prov. Hessen, 2. Hälfte des 14. Jahrhunderts) zeigt völlig die vorderindische Form. Zu Kalka im Ambala-Distrikt (Pañjâb) werden in Festzeiten Maultrommeln zu vielen Hunderten gemacht und verkauft[1].

Abb. 33. Heteroglotte Bügelmaultrommel von Kaśmîr (*munčaṅg*). 1 : 3.

Die »Eisenmaultrommel« der Javanen (*rindiṅ vĕsi*) entspricht der vorderindischen[2]; bei der sumâtrischen ist bald

[1] G. C. M. Birdwood, The Industrial Arts of India (South Kensington Museum Art Handbooks), London (1880) II 67.

[2] Schrank 74.

der Bügel aus Messing und die Zunge aus Stahl, bald der Bügel aus Eisen und die Zunge aus Messing. Die malâkische sieht wie die vorderindische aus [1].

Eine gewissenhafte Spezialuntersuchung würde sich bei den in der Regel aus Bambus geschnittenen Rahmenmaultrommeln [Abb. 34] an eine Unzahl kleiner formaler Eigenheiten halten müssen; sie hätte zu berücksichtigen, ob die Form einfach rechteckig, einer- oder beiderseits verspitzt, lanzett-, plättbrett- oder flaschenartig, ob die Oberfläche platt, gewölbt oder wellig, ob eine Zupfschnur vorhanden ist, ob die an die Unterseite geschnitzten Blöcke klein oder groß sind usw. Eine so weit gehende Zerlegung des Stoffs wäre in diesem Handbuch nicht am Platz. Nur besondere, durch ihre Eigenart hervorragende Typen sollen hier erwähnt werden. Das merkwürdigste vielleicht sind in Siam geschnitzte Maultrommeln (*yañoñ* [spr. jangong] oder *saga-saga*), die bei sonst üblichen Maßen — etwa 5 cm Zungenlänge und 1 cm Rahmenbreite — die groteske Länge von über einem Meter erreichen, also in der Nichtübereinstimmung von Form und Zweck den Rekord schlagen. Ihre abgetreppte, das heißt in rechtwinkligem Absatz verjüngte Zunge ist eine Besonderheit des südlichen Hinterindiens und eines Teils von Indonesien, die nördlich von Siam nicht vorkommt [2]. Ein flaschenförmig geschnittener Rahmen findet sich bei den Khâsî in Âsâm (*ka mieñ*), bei den Ôrañ Sĕmañ in Malâka (*an-oin*), auf Bonerate (*rinda*) und auf Flores (*ego*). Unter den javanischen Typen (*rindiñ*) fällt einer mit flossenartigem Ausschnitt an dem der Zungenspitze benachbarten Ende auf.

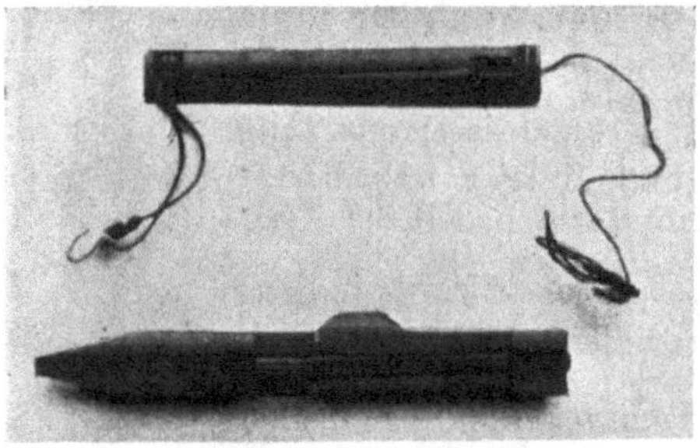

Abb. 34. Formosanische und javanische Maultrommel. 1 : 3.

Wichtiger als diese rein formal geschiedenen Gruppen ist diejenige der Rahmenmaultrommeln mit mehreren verschiedenschweren, also auch verschiedentönigen Zungen nebeneinander. Ich habe sie bisher erst an zwei Stellen nachweisen

[1] H. Balfour, Report on a Collection of Musical Instruments from the Siamese Malay States and Perak, in Fasciculi Malayenses, Anthropology, Part II a, Liverpool 1904, p. 6.

[2] Schrank 55.

können, bei den Kunnuṅ in Âsâm (zwei Zungen) und bei den Eingeborenen von Formosa (zwei oder drei Zungen), deren einziges Instrument sie sind.

Noch in einem andern Punkt fällt die formosanische, auch die einzungige Maultrommel aus dem Gesamtbild heraus: sie ist m. W. die einzige, deren Zunge nicht aus dem Bambusrahmen herausgeschnitten, also zugehörig ist, sondern in den meisten Fällen aus Messing oder Kupfer hergestellt und mit Rohr oder Wachs am Rahmen befestigt wird[1]. Offenbar haben wir hier ein Bindeglied vor uns zwischen der »idioglotten« Rahmenmaultrommel mit stammeigener und der »heteroglotten« Bügelmaultrommel mit stammfremder Zunge. Als solche Bindeglieder müssen auch die ausnahmsweise metallenen Rahmenmaultrommeln angesehen werden. Das Museum besitzt ein charakteristisches Stück von den Bönoṅ in Kamboǰa (*nvatt*) aus einer Kupferlegierung in Form einer Nadel, deren dickes Ende breitgehämmert ist; aus diesem ist die Zunge geschnitten[2]. Andere kommen bei den See-Dâyak auf Borneo (*eṅsulu, rudieṅ sulu*) vor[3] und bei den Igorot auf Bontok, Philippinen (*ab-aʿ/ü*)[4].

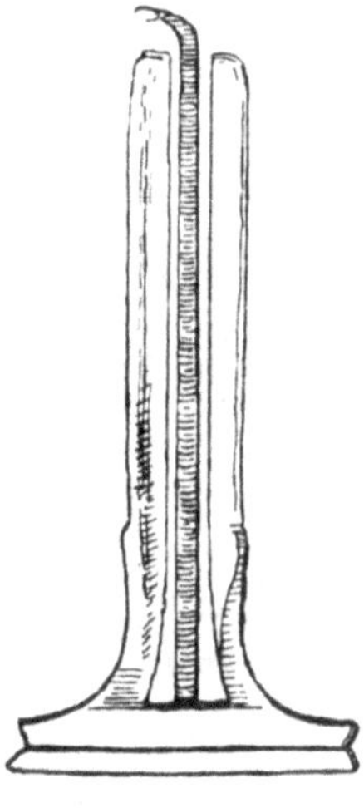

Abb. 35. Heteroglotte Maultrommel von Eṅgano (*ediokeko*); Vermittler zwischen Rahmen- und Bügelform. Nach Modigliani, L'Isola della Donne.

Wie sich schließlich der Übergang vom Rahmen zum Bügel vollzogen hat, wird an der Maultrommel von Eṅgano (*ediokeko*) deutlich [Abb. 35]: der Eisenrahmen ist an der Zungenwurzel bereits erweitert und am entgegengesetzten Ende offen, also stimmgabelförmig; die Stahlzunge mit ihrer schon abgebogenen Spitze ragt über die Länge des Rahmens hinaus[5]. Von hier aus bis zur Bügelform ist nur ein Schritt.

---

[1] Vgl. über formosanische Maultrommeln M. Haberlandt, Die Eingeborenen der Kapsulan-Ebene von Formosa, Mitt. Anthropol. Gesellsch. Wien XXIV (1894), p. 39; N. Yamasaki, Ein Besuch in den Kopfjägerdörfern auf Formosa, Mitt. Anthropol. Gesellsch. Wien XXXI (1901), p. 33; ferner den handschriftlichen Bericht des Konsuls W. Müller in den Akten des Museums.

[2] Schrank 58.

[3] Sarawak Museum Nr. 610, 1251.

[4] A. E. Jenks, The Bontoc Igorot, Manila 1905, I 192.

[5] Vgl, E. Modigliani, L'Isola delle Donne, Milano 1894, p. 167.

II. Membranophone.

Schlagtrommeln.

Instrumente, deren Klang durch das Schwingen einer ausgespannten Membran hervorgebracht wird, sind zwar nicht — wie man früher glaubte — die ältesten Tonwerkzeuge überhaupt, aber vielleicht die ältesten von den höheren, die erst besonderer Vorrichtungen bedürfen, um klingend zu werden; ihre beispiellose Verbreitung würde sich daraus erklären lassen. Die indische Welt mit ihrer einzigartigen Fülle an Kulturen, Rassen und Religionen heterogenster Art vermag mit einem so unübersehbaren Reichtum an Trommeltypen aufzuwarten, daß kein anderer Länderkomplex — selbst Afrika nicht — mit ihm in Wettbewerb treten kann. Dem europäischen Musiker, der mit seinen drei oder vier Trommelarten vollkommen zufrieden ist, fehlt schlechterdings jeder Maßstab für die Würdigung eines solchen Überflusses. Er steht ratlos vor Tatsachen wie etwa dem gleichzeitigen Vorhandensein von fast zwei Dutzenden tönerner Kesseltrommeln in Hindûstân, die sich günstigstenfalls in nichts voneinander unterscheiden als in kaum wahrnehmbaren Verschiedenheiten des Körperumrisses oder der Spannriemenführung.

Ästhetisch läßt sich diesen Dingen zunächst kaum beikommen. Dagegen muß in Rechnung gezogen werden, daß die Trommel hier wie überall auf der Erde ursprünglich Kultgegenstand, ja Fetisch ist, daß demnach der zähe Konservatismus des Inders hier mehr als bei jedem andern Musikinstrument in Kraft treten mußte, daß altüberkommene Formen neueingeführten nicht wichen und alle Typen, alte wie neue, einheimische wie fremde, sich nebeneinander einrichteten und erhielten.

Bis auf den heutigen Tag ist bei einem Teil der Aborigenerstämme dieser Trommelkult am Leben geblieben. Die Kharvâr, im Süden der Vereinigten Provinzen, gebrauchen beim Karama-Fest eine ihnen heilige Trommel (*mândar*); an manchen Orten ist sie geradezu vergöttlicht, hat Schreine unter Mahua-Bäumen erhalten und wird als *Mândar dêvî* angebetet. Die benachbarten Kañjâr haben ihren ursprünglichen Trommelfetischismus in die gewerbsmäßige Präparierung von Trommelfellen für die Hindûmusiker umgemünzt [1].

Die in der gleichen Gegend ansässigen Čamâr widmen bei Hochzeiten der Trommel (*ḍhol*) einen Gottesdienst. Die Mutter des Bräutigams oder eine andere Frau der Verwandtschaft verrichtet die Opferhandlung. Indischer Safran (Kurkume) und Reis werden zu einem Teig (*aipan*) verrührt und auf die Trommel — vermutlich auf das Fell — geschmiert (*thappa lagâna*), ein Betelblatt, eine Betelnuß und zwei kleine Kupfermünzen (engl. *pices*) aufgelegt und fünf Marken (*lîka*) mit Zinnober aufgesetzt. Daran schließt sich eine Prozession der Frauen ins Freie unter Führung des schlagenden Trommlers und die Anbetung der *Dhartî mâtâ* (Mutter Erde) durch die älteste Frau [2]. Man beachte wohl, daß auch hier wie so oft anderwärts die Trommel in inniger Beziehung zum weiblichen Geschlecht und zur Erdverehrung steht. Es genügt an die lappische Trommelsymbolik zu erinnern [3] und der Tatsache zu gedenken, daß bis in die römische Kaiserzeit hinein bei allen Mittelmeervölkern — mit Einschluß der Juden — die Trommel ausschließlich ein Fraueninstrument war.

Im südindischen Bhûta-Dienst ist die Trommel ein Requisit der Teufelsaustreibung [4].

Unter den Trommeln der Gāro in Âsâm sind noch zwei engstens mit Mystik und Aberglauben verknüpft, die eine [5] (*kram*), fast einen Meter lang und an den Enden verschieden weit, die bei Vermeidung hereinbrechenden Unheils nur zu festlichen Anlässen aus dem Haus genommen werden darf, die andere (*nagra* [arab. *naqqâra*]) aus Ton, die überhaupt nicht entfernt werden soll. Veranstalten sie wichtigere Opfer, so legen sie die Nagra auf Pisangblätter, bestreichen sie mit dem Blut eines geschlachteten Vogels und bekleben sie mit ein paar seiner Federn. Den ersten Schlag auf ein neues Kram darf nur der Besitzer oder einer seiner Anverwandten tun; die Nagra wird nie von Fremden geschlagen [6]. Ähnliche Trommelweihen sind aus andern Gegenden bekannt: die Indianer Guatemalas z. B. bestrichen das Teponaztli mit

---

[1] W. Crooke, Tribes and Castes of the North Western Provinces and Oudh, Calcutta 1896, III 250, 149.

[2] l. c. II 182.

[3] Vgl. z. B. Mone, Europäisches Heidentum I 32, 42.

[4] F. Jagor, Berichte über verschiedene Völkerstämme in Vorderindien, in Zeitschrift für Ethnologie XXVI 61.

[5] Auf Schrank 38.

[6] A. Playfair, The Garos, London 1909, p. 42 f.

ihrem eigenen Blut und die Lappen ihr Goabdes[1] mit dem rötlichen Saft der Erlenrinde. Vielleicht darf man in der roten Bemalung des Fells bei einigen urwüchsigeren Trommeln Vorderindiens, der bengalischen Tâśâ etwa und der eben besprochenen Čamâr-Trommel, ebenfalls ein Rudiment aus Blutopferzeiten sehen. Die alten Arier selbst rieben vor dem Kampf das Trommelfell mit Opferschmalz ein (*âǰyena abhighârita*)[2].

Bei den Hochzeiten der Dusun auf Borneo sitzen die Brautleute nach Osten gewendet auf einer Trommel[3]. Auf Celebes konnte Grubauer Trommeln nur mit größter Mühe erwerben, weil die Eingeborenen fürchteten, daß ihre Fortgabe den Tod einer Person des Dorfes herbeiführen würde. Ein Teil dieser Trommeln wird am Dachgebälk der Hütte aufgehängt und nur zum Gebrauche niedergelassen, wenn die Geister auf eine besondere Not aufmerksam gemacht werden sollen; in Krankheitsfällen rufen die Schläge den hilfreichen Geist an, daß er den Dorfzauberer erleuchte, und nach erfolgreicher Kur bringt der Genesene den Schlägel zum Opfer[4]. Ebenso suchen die Sakai in Perâk (Malâka) — um noch ein letztes Beispiel zu geben — bei Krankheiten, die sie für ansteckend halten, die bösen Geister mit Trommelschlägen zu verjagen[5].

Es kann aber nicht verkannt werden, daß die uralte Tradition des Trommelgebrauchs den Sinn nicht nur für Rhythmus, sondern auch für Klangfarbe und Tonhöhe der Membranen unendlich geschärft hat. In welchem Maße hier der europäische Musiker zurücksteht, kann schon daraus entnommen werden, daß abendländische Sammlungskataloge und Berichte die Mehrzahl dieser Instrumente unter diejenigen ohne bestimmte Tonhöhe reihen, die gleichen, bei denen wir das peinlichste Abstimmen durch Anziehen der Spannriemen, durch Auftrag einer Pasta, durch Befeuchten und durch Erwärmen beobachten können. Der indische Trommler schlägt nicht nur virtuos die Hunderte von kom-

---

[1] C. Sachs, Reallexikon der Musikinstrumente, Berlin 1913, p. 163.

[2] Atharvaveda 5, 21,3.

[3] P. te Wechel, Erinnerungen aus den Ost- und West-Dusun-Ländern, Internationales Archiv für Ethnographie, Leiden 1914, XXII 119 f.; es ist im Text von »gong« die Rede, nach der undeutlichen Tafel XV Fig. 53 handelt es sich aber augenscheinlich um eine Trommel.

[4] A. Grubauer, Unter Kopfjägern in Zentral-Celebes, Leipzig 1913, p. 408, 533.

[5] G. B. Cerruti, The Sakais of Batang Padang, Perak, in Jour. Straits Branch R.A.S. 1904 Nr. 41 p. 117. Cerruti spricht von »rude drums made of big bamboo«; gemeint sind vielleicht nicht Fell-, sondern Schlitztrommeln.

plizierten Rhythmen (*tâla*), die schon die alten Sanskrittraktate aufzählen; er schlägt sie mit der rechten Hand, mit der linken, mit beiden Händen, mit einem oder zwei Schlägeln oder mit einer Hand und einem Schlägel. Ja, die Trommel ist in Indien zum Melodieinstrument geworden: die Birmanen bedienen sich einer richtigen Trommelharmonika (*tshaiṅ-vaiṅ*) aus 16 sorgfältig abgestimmten zweifelligen Faßtrommeln, die innerhalb einer ringförmigen Balustrade aus Bônmèza-Holz (*Albizzia stipulata*) [1] bequem erreichbar im Kreise um den kauernden Spieler herum angeordnet sind und mit der Hand gespielt werden [Abb. 1 u. 2]. Die 16 Pauken, die Hector Berlioz im *Tuba mirum* seiner Totenmesse auffahren läßt, sind also in Indien schon lange bekannt; während aber der französische Tonsetzer diese großen Mittel nur akkordisch und dynamisch ausnutzt, spielt der birmanische Musiker auf seinem Tshaiṅ-vaiṅ im Einklang mit der verschwisterten Gongharmonika [2] Melodien. Wenn nun auch für die Nebeneinandererhaltung der unendlich vielen Trommelvarietäten in erster Linie religiöse und soziale Ursachen verantwortlich zu machen sind, so muß doch angenommen werden, daß bei einem so außerordentlich hohen Stande ästhetischer Trommelkultur dieser Formenreichtum auch musikalisch in einem Maße zur Verwertung gelangt, das sich der Nachprüfung durch das europäische Ohr entzieht.

Von den Trommeln Asiens ist die Pauke oder Kesseltrommel die einzige, die vom modernen Orchester des Abendlandes adoptiert worden ist. Keine Kapelle irgendwelchen Ranges, die nicht mindestens ein Paar dieser vollklingenden, leicht auf eine bestimmte Tonhöhe zu bringenden Instrumente besäße. Sie haben sie freilich nicht unmittelbar vom Osten übernommen. Ursprünglich sind sie untrennbar mit den Trompeterchören verbunden, die, außerhalb der eigentlichen Musik, eine besondere, den Höfen, den Magistraten der Freien Städte und den Kavallerieregimentern angegliederte Zunft bildeten. Wie auch heute nur die berittenen Truppen sich der Pauke bedienen, so ist sie von je in Europa ein Reiterinstrument gewesen, und auch als solches im Ausgang des Mittelalters von Asien hereingebracht worden. In der Tat ist wohl nur aus dieser Bestimmung heraus die Form der Pauke zu erklären. Wer auf dem Pferd oder dem Kamel reitet, wird eine vor ihm liegende Trommel schwer ertragen;

---

[1] J. Nisbet, Burma under British Rule — and before, Westminster 1901, II 304.

[2] L. Fea, Quattro anni fra i Birmani e le tribù limitrofe, Milano 1896, p. 151.

es ist das bequemste, sie dem Tier an den Hals zu hängen, so daß der Spieler gerade noch das Fell erreichen kann, ohne im Reiten behindert zu sein. Andrerseits darf das Tier nur so wenig als möglich belästigt werden; man wird daher das Profil des Trommelkörpers nach Kräften einziehen, nach der Achse hin abfallen lassen. Da ferner eine gleichmäßige Belastung zu den Grundgesetzen des Reitens gehört, hängt man dem Tier statt einer einzigen Pauke ein Paukenpaar über. Das Ergebnis ist also: Die Reitertrommel wird in der Regel in Form eines Paares einfelliger Membranophone hergestellt, deren Ton-, Holz- oder Metallkörper die Gestalt eines schalen- bis eiartigen Kessels erhält. Dieser Typus ist, wie es scheint, in verhältnismäßig später Zeit von den Reitervölkern des persischen Kulturkreises geschaffen und den Nationen seiner Einflußzone übermittelt worden. Wir finden sie daher im Mittelalter bei den Ungarn und Polen und noch heute bei den Türken, den Arabern, den nordostafrikanischen Negern islamischer Konfession und in Vorderindien.

Wie in Europa ist auch in Asien und besonders in Indien ein Teil der Reitertrommeln vom Pferd gestiegen. Wir finden sie am Boden vor dem hockenden Spieler im Nahabat, dem alten Festorchester der Râjâs, das jenen europäischen Trompeterchören entspricht, und wir treffen sie wieder in der charakteristischen Trommelschürze der Tanzmusikanten.

Kesseltrommeln primitivster Faktur (beng. pañj. marâṭhî *taršâ* oder *tâśâ* [spr. társchā, tāschā]; arab. *tâsah*, hind. *tâśah*, santalî *ṭamâk*], pañj. *naḳâra*, malayâḷam *tamukku*) werden noch heute im ganzen Land verfertigt: flache, unregelmäßig geformte und unbearbeitete Tonschalen sind mit einem dünnen Fell geschlossen, das in der Regel einfach angeklebt, seltener in roher Weise mit ungegerbten oder gegerbten Hautstreifen angeschnürt ist. Die Besprechung der eigentlichen, ei- oder birnförmigen Kesseltrommeln[1] [Abb. 47] bereitet dem Berichtenden viel Verlegenheit. Alle Versuche, bestimmte Trommeln mit den einzelnen Namen in Gleichung zu setzen, müssen an dem wilden Durcheinander der indischen Trommel-Nomenklatur scheitern. Das liegt eben daran, daß die Kesseltrommel als Begleiterin der islamischen Eroberer langsam Boden gewonnen und nun zeitlichen und örtlichen

[1] Sanskr. *ṭablâ*, mar. pañǰ. *tablâ*, beng. *tablâ*, *tabala*, *tabalk*, hind. *ṭablah*, *tabal*; sanskr. *ṭikârâ*, beng. *ṭikârâ*, *ṭikârâ*; sanskr. beng. *dâmâmâ*, hind. *dammâmah*, *damâmâ*, tam. *ṭammânam*, tel. *ḍhamâî*, orâõ *damnâ*; sanskr. *nâgarâ*, beng. *nâgârâ*, hind. *naqqârah*, *naqârâ*, *nagârâ*, *nagâṛâ*, mar. *nâgrâ*, kâśm. *nagâra*, khâsî *ka nâkrâ*, gāro *nagra*; beng. *nahabat*, hind. mar. pañǰ. *naubat*; sanskr. *ḍagara*, beng. *dagara*, hind. *dagaṛ*; sanskr. *ǰhâriḍâp*; sanskr. pâlî *bhêri*, beng. *bherî*; siṃh. *beraya*; sanskr. *khôrâḍhâk*; sanskr. *dundusvana*, hind. *dhauṅsâ*; tam. *mêḷam* usw.

Verhältnissen entsprechend ihre persisch-arabischen Namen bald neben die einheimischen Namen, bald an ihre Stelle gesetzt, hier auf landeseigene Trommeln übertragen, dort selbst eingebüßt hat. In ähnlicher Weise konnten andere persische Namen, wie *sitâr* und *ṭanbûr*, in dem sonst recht klaren und eindeutigen Namenswesen der indischen Musikinstrumente Verwirrung anrichten. Das Wort *naqqârah* z. B., das heute im Persischen, Arabischen und Kurdischen eine kleine Pauke mit meist kupfernem, seltener hölzernem Kessel bedeutet, bezeichnet als *naqâra* im Pañjâb eine von den Kindern gespielte flache, bauchige Kesseltrommel aus Ton, eine halbe Spanne weit und ein paar Zentimeter hoch, mit regellos geführten Spannstreifen aus ungegerbter Haut; als *nâgârâ* (synon. sanskr. pâlî *dundubhi*) in Bengalen eine tönerne Kesseltrommel mit Spannschnüren oder Riemen, die unmittelbar durch das Fell gezogen, im Zickzack zu einem ersten und dann längs zu einem zweiten Gürtel geführt sind; in Râjputânâ, Zentral- und Südindien (synon. khâṇḍâ *dolla*) eine weitere und flachere Kesseltrommel aus genietetem Eisenblech, Kupfer oder Messing, deren Schnürriemen in mehr oder weniger steilem Zickzack zu einem ersten und dann gekreuzt zu einem zweiten Gürtel geführt sind oder — bei den Khâṇḍâ im Ghumsârâ-Distrikt — unter Vermittlung untergesteckter roher Holzkeile kreuz und quer zu einem eisernen Abschlußring laufen; als *mâhanâgarâ* (synon. *dâmâmâ*, *nahabat* und *naubat*) die größte indische Kesseltrommel, mit kräftig gebauchtem, unten verspitztem Tonkorpus und Spannriemen, die bald im Zickzack zu einem ersten und dann längs zu einem zweiten oder im Zickzack unmittelbar zu einem Querring laufen; als *naguar* in Südindien eine zweifellige Röhrentrommel mit schmaler, kegelstumpfförmiger Holzzarge und Zickzackriemenspannung von Fell zu Fell [1], die von den Bengalen mit dem Sanskritwort *jagajhampa* [spr. dschagadschhámpa], von den Kannaresen *pâṇi* [2] genannt wird.

Man mache weiter den Versuch, etwa die bengalischen Kesseltrommeln auf die bekannten Namen zu verteilen. Der Râjâ S. M. Tagore, dessen Munifizenz Europa im wesentlichen die Kenntnis der hindûstânischen Musikinstrumente verdankt, hat in den 1880er Jahren einer größeren Zahl von Monarchen einheitlich zusammengestellte, sehr wertvolle Sammlungen musikalischer Instrumente seiner Heimat geschenkt. Fast alle Kesseltrommeln dieser Kollektion haben

---

[1] Kastenbilder aus Travancore im Kgl. Museum für Völkerkunde zu Berlin Nr. I C 37057 a.

[2] Ananta Krishna Jyer, The Cochin Tribes and Castes, Madras 1912, II 250.

ein Korpus aus braunem Ton und auf dem Fell eine kreisförmige schwarze Stimmpasta aus Harz, Wachs und Öl; durchweg sind die ledernen Spannriemen entweder einfach im Zickzack zu einem Endring geführt oder bis zu einem Zwischenring im Zickzack und von da ab längs bis zu einem zweiten Ring. Die einzigen Unterschiede außer dieser doppelten Schnürung liegen in oft ganz geringfügigen, kaum wahrnehmbaren Maß- und Formverhältnissen. Nun ist aber das merkwürdige, daß Tagores Begleitlisten etwa *dâmâmâ* einmal eine Trommel mit der einfachen Riemenführung, ein anderes Mal eine mit der doppelten nennen usw., mit andern Worten, daß die scheinbaren Kriterien in Wahrheit keine sind. Man könnte ja vorschützen, daß hier und da vielleicht die Originaletiketten beim Transport abgegangen und nach der Ankunft vertauscht worden seien; das hat sich tatsächlich im Berliner Kgl. Museum für Völkerkunde seinerzeit zugetragen. Dennoch wird keine Permutation zu einem befriedigenden Ergebnis führen; die Rechnung geht nicht rein auf. Wie soll man sich damit abfinden, daß zwei völlig gleiche Paukenpaare verschiedene Namen haben, das eine *dâmâmâ* und *ṭikârâ*, das andere *dagara* und *Jhâriḍâp*? Sollte es hier ebenso sein, wie in den Fabrikkatalogen europäischer Instrumentenmacher, deren wirre, sorglose Namengebung und deren willkürliche Verschmelzung und Vertauschung der Typen den Kundigen so peinlich berührt? Dem Museumsleiter, der unbenannte indische Kesseltrommeln seiner Sammlung zu etikettieren wünscht, kann jedenfalls eine zuverlässige Unterlage nicht an die Hand gegeben werden; es ist für ihn nur der eine Weg, einen beschreibenden Katalog wie den des Musée instrumental am Brüsseler Conservatoire Royal de Musique von V. Mahillon[1] oder den der indischen Musikinstrumente des Kgl. Völkerkundemuseums zu Berlin vom Verfasser[2] vorzunehmen und eine Identifizierung zu versuchen.

Hinterindien hat eine unmittelbare Beeinflussung seitens des persischen Kulturkreises nicht erfahren; daher ist die Kesseltrommel auf der Halbinsel unbekannt. Auch im Archipel fehlt sie heute, selbst auf Java, dessen Kultur noch am stärksten mit islamischen und hinduistischen Elementen durchsetzt ist. Indessen besitzt unsere Sammlung ein kleines

---

[1] V.-Ch. Mahillon, Catalogue descriptif et analytique du Musée instrumental du Conservatoire royal de Musique de Bruxelles, 4 vol., Gand 1893—1912.

[2] C. Sachs, Katalog der indischen und indonesischen Musikinstrumente im Königlichen Völkerkundemuseum zu Berlin (in Vorbereitung).

Kesseltrömmelchen (*ganda-ganda*) von der Insel Bonerate aus einer Kokosnußschale mit sternförmig über die Wölbung geführtem Rôtañspannwerk[1]; danach wäre es nicht ausgeschlossen, daß einst auch die Pauke einen Platz im indonesischen Instrumentarium innegehabt hätte.

Aus der Fülle der übrigen Trommelformen hebt sich ein ganz bestimmter Typus für das Auge klar genug heraus, ohne daß es ganz leicht wäre, ihn begrifflich abzugrenzen. Wir sprechen von den Trommeln, deren gemeinverständlichster Populärname Tamburin ist; diesen muß die Instrumentenkunde als unwissenschaftlich ablehnen und durch den Namen Rahmentrommel ersetzen.

Das Kennzeichen der Rahmentrommel ist die bis zum Äußersten gehende Beschränkung des eigentlichen Körpers; an Stelle eines wirklichen Kessels oder eines röhrenförmigen Resonators finden wir nur einen schmalen Rahmen oder Reifen, über den das Fell gespannt ist wie der Stoff über den Stickrahmen. Er hat seine Fähigkeit den Klang zu vergrößern und zu verbessern fast ganz eingebüßt und fungiert im wesentlichen nur als Fellhalter. Der Klang ist daher in der Regel viel trockener als der der übrigen Trommeln.

Abb. 36. Bengalische Rahmentrommel (*dârâ*). 1 : 9.

Es ist leicht genug, eine typische Rahmentrommel von einer ausgesprochenen Röhrentrommel zu unterscheiden. Die Übergänge aber sind fließend, und die Feststellung, ob im einzelnen Falle eine besonders ausgezogene Rahmen- oder eine übermäßig verkürzte Röhrentrommel vorliegt, kann unter Umständen recht schwierig sein. So mißlich es sein mag, kann man sich kaum anders helfen als einen Index anzusetzen: bei der Rahmentrommel überschreitet die Höhe des Rahmens nicht den Radius des Fells.

Die in Hindûstân heimische Rahmentrommel hat in ihren einfacheren Typen eine äußerst urwüchsige Form: es wird aus Ton ein gerader oder etwas auswärtsgestellter Rand kreisrund geformt und über die eine Öffnung eine feuchte Schafhaut geklebt [Abb. 36]. So primitiv das Gebilde ist, so scheint es dennoch nicht autochthon zu sein. Ebenso wie eine etwas kunstvollere Form mit Holzzarge trägt sie den Namen *dârâ* (marâṭhî *ḍair*, hind. *dâĕrah*). Dieser aber ist persischen Ursprungs; *daîre* bedeutet »Kreis«, und alle Rahmentrommeln vorderasiatischer Abkunft bis herüber nach Serbien und Albanien haben den Namen übernommen, der

[1] Schrank 121.

Abb. 37. Ḍampha-Spieler.
Nach einer nordindischen Miniatur.

in gleicher Weise ihre wesentliche Form und ihre Abstammung betont.

Freilich hat die persische Sprache die Wortbedeutung später erweitert und vier- und achteckige Rahmentrommeln ebenfalls unter den Namen *daîre* gebracht. Merkwürdigerweise haben die Bengalen diese Erweiterung nicht mitgemacht, obgleich auch sie die achteckige Form kennen [Abb. 37]. Es ist eine sonderbare alte Bettelmönchstrommel mit dem Namen *ḍampha*, bei der eigentlich alles befremdet: der ellengroße Durchmesser, die ungewöhnliche Achteckform, der tischlerisch zusammengezinkte Rahmen und die Annagelung des Fells[1]. Alte assyrische Reliefs zeigen, daß die Vorderasiaten im hohen Altertum die Felle mit Nägeln an den Trommeln befestigten; von da aus mag sich die Methode radial verbreitet und, wie es so oft vor-

[1] Auf Schrank 18.

kommt, an den großen Expansionsstauwerken erhalten haben, nachdem sie am Ausgangspunkt selbst vergessen war. Auf diese Weise sind genagelte Felle heute vor allem in Afrika und in Ostasien in Gebrauch, dazwischen aber so gut wie unbekannt.

Da auch Ceylon solch ein Stauwerk ist, da hier der vorderindische Nordsüdzug ein natürliches Ende fand, wird es nicht wundernehmen, daß ebenfalls Rahmentrommeln mit genagelten Fellen vorkommen. Diese simhalesischen Trommeln (*ṭemeṭṭama*) gehören zu den größten Rahmentrommeln der Welt; ihr Durchmesser übersteigt gelegentlich einen Meter, und die Holzzarge hat die Besonderheit, daß sie stark nach innen abfällt. Sie zählen zu den fünf heiligen Tempelinstrumenten der Siṃhalesen. Berlin besitzt leider keine; eine stattliche Sammlung hat das Leipziger Völkerkundemuseum [1].

Abb. 38. Rahmentrommel der Khåṇḍå (*čeṅgu*), von unten. 1 : 11.

Waren die bisher beschriebenen Rahmentrommeln Eigentum der beiden Pole Vorderindiens, so ist ein vierter Typus (pañǰ. *daf* [2] [v. pers. *daff*], hind. *daf*, populär-hind. *ḍaf*, *ḍhaplâ*, *daflî*, *ḍaflî* [masc.] tamiḻ *támbaṭṭam*, malayâḻam *támmiṭṭam*, telugu *táppeṭa*, khåṇḍå *čéṅgu*) über die ganze Halbinsel verbreitet und in gleicher Weise bei den aborigenen Stämmen des Zentrums wie bei den arischen Völkern des Nordens und den dravidischen des Südens heimisch [Abb. 38]. Der Rand ist weit und niedrig, aus einem Holz- oder Eisenreifen zusammengebogen. Das Fell wird diesmal weder aufgeklebt noch aufgenagelt; durch Löcher nahe seinem Rande sind Spannriemen gezogen, die auf der offenen Unterseite der Trommel sternförmig zusammenlaufen [3]. Diese eigene Anordnung hat eine

---

[1] A. K. Coomaraswamy, Mediæval sinhalese Art, Broad Campden 1908, p. 26. — C. F. Gordon Cumming, Two Happy Years in Ceylon, 2d ed., Edinburgh-London 1892, I 259.

[2] B. H. Baden Powell, Hand-Book of the Manufactures and Arts of the Punjab, Lahore 1872, II 279.

[3] Schrank 4 b.

große Bedeutung erlangt; man kann ihren Weg nordwärts verfolgen, bis er sich am Saume des Eismeers gabelt und nach Westen bis zu den Lappen und nach Osten über die Beringstraße bis zu den Indianern und Eskimo zieht. Hing die kleinere Rahmentrommel sachlich und sprachlich mit dem islamischen Persien zusammen, so ist für die größere eine Beziehung zum alten Vorderasien wahrscheinlicher; die Form ist auf assyrischen Reliefs belegt, und die Telugubezeichnung *tappeṭa* klingt auffallend an die Sippe assyrisch *tuppu*, aramäisch *tuppâ*, hebräisch *toph* an. Es ist ja bekannt, daß die Wunder der südindischen, tamilischen Kunst ebenso wie die Wunder der indischen Natur in alter Zeit auf dem Schifffahrtsweg nach dem Westen des Erdteils geführt wurden.

Abb. 39. Bengalische Schellentrommel (*J̌hâñǰh khañǰanî*). 1 : 11.

Daß in einem großenteils von Persien abhängigen Instrumentarium die Rahmentrommel gelegentlich in der besonderen Form der Schellentrommel auftritt, wird niemanden verwundern [Abb. 39]. Solch eine Rahmentrommel, an oder in deren Rand man Schellen oder gewöhnlich Paare kleiner Blechplättchen befestigt hat, ist auch ein bei uns, im europäischen Süden erhaltenes Überbleibsel aus Zeiten, in denen jedes Instrument mit der Rassel kombiniert wurde; es wird noch Gelegenheit sein, davon zu sprechen. M. W. kommt in ganz Vorderindien die Beifügung klingelnder Plättchen nur bei jenen kleinen nordindischen Formen vor; solche Schellentrommeln werden *ǰhâñǰh khañǰanî* [spr. dschandsch kandschani] genannt[1]. Es scheint mir auch diese Beschränkung ein gewichtiges Zeugnis dafür zu sein, daß die Haupt-Rahmentrommel des Landes, die große mit dem Riemenstern auf der Unterseite, nichts mit Persien zu tun hat.

Abb. 40. Rahmentrommel von Kêi, Unterseite. 1 : 11.

In Hinterindien begegnen Rahmentrommeln mit und ohne Klingelplättchen, deren niedrige Holzzarge zurückweicht und auf der Drehbank profiliert ist [Abb. 4].

Sie leiten zu einer merkwürdigen Verschmelzung von Rahmen- und Kesseltrommel über, die im Archipel heimisch ist

[1] Schrank 19.

(Sumâtra *redap*, Kêi *goñ*, Molukken *ravana*, malaiisch *rabana*[1]. Der Rahmen ist hier so kräftig eingezogen, daß er in Wirklichkeit eine flache Schale mit offenem Boden bildet [Abb. 40]; entweder ist das Fell angenagelt und die Zarge mit drei Paaren metallener Gegenschlagplatten versehen, oder das Fell ist nach malaiischer Art mit kurzen, parallelen Rôtañführungen an einen nahe dem Oberrand angeschnitzten Wulst geschnürt.

Neben diesem Verschmelzungstypus fällt eine sumâtrische Form (*rĕbâna*) auf, die in allen Größen bis zu etwa einer Elle Durchmesser gebaut wird. Sie hat eine leicht eingezogene Holzzarge und eine besondere, spezifisch indonesische Spannungsart: die Rôtañbänder laufen zu einem abschließenden Rohrring unterhalb der Zarge, der von ihr durch die Knoten eben dieser Bänder oder durch Holzkeile getrennt ist[2].

Abb. 41. Vorderindische Konustrommel (*khañjanî*). 1 : 9.

Daß eine scharfe Grenze zwischen diesen Rahmentrommeln und den einfelligen Röhrentrommeln nur künstlich zu ziehen ist, haben wir vorausgeschickt. Bei der eigenartigen *Khañjanî* (sanskr. beng.; hind. *khañjrî*, marâṭhî *kañjirî*, kann. *khañjari*, telugu *kanjeri* [spr. kandsch . . .]) Vorderindiens z. B. können Zweifel über die erforderliche Zuteilung entstehen [Abb. 41]. Es ist eine ganz kleine, etwa 8 cm hohe und 13 cm weite Trommel, deren leicht gewölbter Holzkörper nach außen gestellt ist, so daß die untere Öffnung größer ist als die obere, über die man das Fell geklebt hat[3]. Mit ihrer Form und ihrer buntstreifigen Lackierung erinnert sie auffallend an die hindûstanischen Kornmaße. Immerhin dürfte ihre Entstehung nicht hier liegen; schon die rohe, aus Ton geformte Dârâ ist häufig ebenso nach außen gestellt; oder sollte es sich hier um eine Rückbildung handeln? Entscheidender ist die ganz offenbare Ähnlichkeit mit einer assyrischen Trommel, die auf einem Relief von Kouyunyik im British Museum dargestellt ist; wenn selbst die Trapezform des Querschnitts nur dem Bildhauer zur Last zu legen ist, erinnern immer noch die bei Trommeln seltenen Proportionen an die Khañjanî.

---

[1] Auch auf N. Celebes (Gorontales) belegt. Leipzig, Ethnogr. Museum Nr. SAs 6127.

[2] Eine Abbildung in S. Hagen, Die Orang-Kubu auf Sumatra, Frankfurt a. M. 1908, Fig. 14.

[3] Schrank 19.

Annam kennt die gleiche Form [Abb. 42] als *Cai trôṅ giaṅ*[1].

Die auffallendste indische Form der einfelligen Röhrentrommel ist die der sogenannten Bechertrommel.

Trommeln, die mehr oder weniger ausgesprochen die Form eines Trinkglases mit Stiel und Fuß haben, sind über das gewaltige Ländergebiet von Marokko und der afrikanischen Westküste bis östlich in die Südsee hinein verbreitet. Nach dem ethnologischen Gesetz von der radialen Ausstrahlung möchte man Vorderindien als ihre Heimat ansehen, weil es gleichzeitig in der Mitte des Verbreitungsgebiets liegt und selbst von ihnen so gut wie verlassen ist. Nur an der Ostküste finden wir sie; die Telugu (*ghuṭru*) formen sie aus Ton mit bauchigem Kessel und zylindrischem Fuß und schnüren das Fell im Zickzack mit Riemen an[2]; die aborigenen Khåṇḍå, die etwas weiter nördlich im Ghumsårå-Distrikt wohnen, profilieren den tönernen Körper ihres archaïschen *Gumra* stärker und spannen eine Schlangenhautmembran mit Schnüren auf die Öffnung des schlanken Endes, was sonst niemals vorkommt [Abb. 43].

Abb. 42. Tonkinesische Konustrommel (*cai trôṅ giaṅ*) mit Schlägel. 1 : 9.

Jenseits des Bengalischen Meerbusens wird die Bechertrommel häufiger. Birma kennt sie unter dem Namen *o-tsi*, Siam als *thôn*, Kamboja als *troṅ* [Abb. 4]. Die birmanische hat mit den vorderindischen Trommeln die Zickzack-Lederriemenspannung gemein; sie ist indessen höher, aus abgedrehtem Holz und weniger gegensätzlich in der Form, d. h. im Oberteil schmächtiger und im Stiel kräftiger und ausladender. Die siamesische wird dagegen stets mit den für malaiische Trommeln charakteristischen Rôtaṅbändern gespannt; die ebenfalls von den Malaien bevorzugte Parallelführung überwiegt. Der Körperform nach müssen zwei Gruppen unterschieden werden, eine genau in der Art der

Abb. 43. Bechertrommel der Khåṇḍå (*gumra*). 1 : 11.

[1] Schrank 57.
[2] Schrank 19.

birmanischen, eine halb so hoch, aus Ton oder Holz, mehr wie die vorderindische, aber mit stärkerem, geschwelltem Stiel, also mehr pilzartig [1].

Über die malâkische Brücke wandert die Bechertrommel hinüber nach dem Archipel und stellt sich an die Spitze der indonesischen Trommeln. Da sie fast ausschließlich als Priesterinstrument verwendet wird, ergibt sich eine Landesansässigkeit von sehr bedeutendem Alter. Die gemeinsamen Züge aller archipelagischen Bechertrommeln sind der Holzkörper, die sehr sanft geschwungene, absatzlose Profillinie und die nur den Oberteil umschließende Rôtaṅschnürung. Varianten kommen nur innerhalb dieser Gemeinsamkeiten vor. Auf Borneo (*katámboṅ*, *kasambóṅan*) werden je drei oder vier Bänder zu einem Punkte des Abschlußringes zusammengeführt; auf Nîas (*fondráhi*) ist der Rôtaṅ netzartig verknotet [Abb. 44]; auf Celébes (*krátŭ*), Verináma [Wernáma] und Góroṅ [Góram] (*tífal*), Buru und Sûla-Bési (*túba*), Flores (*góddaṅ*), Nordost-Tîmor (*náko-tîba*), Ost-Tîmor und Letti (*tíhal*), Sermáta (*tivĕlĕ*), Tanémbar und Kêi (*tíval, tífa*) sind die Spannbänder parallel geführt. Die Form ist auf den westlichen Molukken und auf den Kêi-Inseln stark untersetzt; im übrigen Archipel ist sie dagegen schlank und derart sanft geschwungen, daß ihr Übergang in die zylindrische Trommel — wie sie etwa in Perak auf Malâka, mit Schlangenhautdecke und ebenfalls kurzer, paralleler Rôtaṅschnürung, oder auf den Mentâvei-Inseln (*katäuba*) [2] vorkommt — unmerklich ist.

Abb. 44. Bechertrommel von Nîas (*fondrahi*). 1 : 11.

Die Bechertrommel wird in Indonesien in der Regel über die linke Schulter gehängt, mit dem linken Ellbogen fest gegen die Seite gedrückt und mit den Fingern beider Hände gespielt. Nur Priester, Zauberärzte und dergleichen Leute bedienen sich ihrer; auch bei allen Kultfesten werden sie hervorgeholt. Daher schlägt kein Mûhammedaner eine Bechertrommel; die christianisierten Bewohner haben sie beibehalten.

In einem engen Zusammenhange, dessen Verhältnis ich freilich nicht festzulegen wage, stehen zu dieser indonesischen Bechertrommel ein paar seltsame Typen von den

[1] Schrank 43 und 55.
[2] Schrank 68 b.

Kleinen Sundainseln. In Berlin haben wir z. B. eine große, mehr als meterhohe Bechertrommel von Flores, die unten geschlossen ist. Eine andere, von Kisser, neben die ein ganz ähnliches Exemplar von Timorlaut im Leipziger Völkerkundemuseum zu stellen ist, hat den dicken Becherstiel durch zwei schlanke, nach Menschenart geformte Beine und Füße ersetzt [Abb. 45] [1]. Wieder stehen wir vor der Erscheinung, daß der Malaiische Archipel Afrika mit seinen Kulturgütern beschenkt: Kamerun hat die gleiche groteske Trommelform, einen menschlichen Unterleib auf zwei Beinen, und die übliche indonesische Fellbefestigung mit kurzen Rôtañführungen bis zu einem abschließenden, durch Holzkeile gehobenen Rohrring, erstickt den letzten Zweifel an der unmittelbaren Deszendenz.

Abb. 45. Beintrommel von Kisser, mit Schlägeln. 1:11.

Im allgemeinen sind geschlossene Röhrentrommeln in Indien selten. Die Toba-Batak auf Sumâtra besitzen eine Faßtrommel aus Holz, deren Rôtañ-Schnürwerk im Zickzack beginnt, aber in verflochtenen Längszöpfen weitergeführt ist, in der Mitte durch einen Quergürtel gespannt wird und unten in Verbindung mit Keilen eine vorragende Holzplatte gegen den Boden des Instruments preßt; zum Halten dient ein Henkel aus Rôtañ. Eine zylindrische Abart dieses *Tatagániñ* heißt *óguñ* [Abb. 46], eine andere, ebenfalls zylindrische, aber von doppelter Höhe — 80—90 cm — *górdañ* [2].

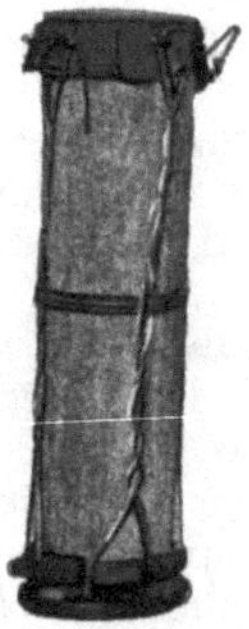

Abb. 46. Sumatrische Zylindertrommel mit Spannplatte (*oguñ*). 1:11.

Eine parallele, wenn auch nicht verwandte Art unter den vorderindischen Trommeln (*bâṃyâ* [spr. bángja]) fällt schon äußerlich durch ihre Bemalung mit roten, gelben, schwarzen und grünen Streifen auf. Über

[1] Auf Schrank 82.
[2] Schrank 64.

die ganze Halbinsel verbreitet, wird sie ausschließlich als Partnerin der *Ṭablâ* (hind. *ṭáblah, ṭábal*) gebraucht, einer kleinen Kesseltrommel aus Ton, Kupfer oder Holz (*Artocarpus integrifolia, Melia Azadirachta, Pterocarpus Marsupium, Pterocarpus santalinum*) [1] mit durchgehender Zickzack-Riemenschnürung und Stimmpasta, die sonst auch paarweise in verschiedenen Größen gespielt wird [2]. Ihres sanften Tones wegen werden Bâṃyâ und Ṭablâ nur zu musikalischen Veranstaltungen im Hause gezogen, z. B. zu Hochzeiten; unsere Abbildungen 47 und 48 zeigen Bâṃyâ und Ṭablâ einzeln, Abbildung 82 beide Instrumente als Paar in der Tragschürze des Spielers, zur Linken die Ṭablâ, zur Rechten die Bâṃyâ.

Abb. 47. Bengalische Kesseltrommel (*ṭablâ*). 1 : 11.

Der Körper des Instruments hat die Form zweier ungleicher, mit den großen Basen zusammengesetzter Kegelstümpfe. Das Fell ist nach vorderindischer Sitte mit Lederriemen angeschnürt, und diese wiederum werden durch dicke hölzerne Untersteckzylinder gehoben, um die Reibung an der scharfen Kante zu vermeiden, mit der die Kegelstümpfe zusammentreffen. Der dem Fell entgegengesetzte Boden ist so geschnitten, daß man auf den ersten Blick glaubt, die Öffnung sei nachträglich durch einen Holzpfropfen verschlossen worden. Der Boden wird heute freilich mit dem übrigen Körper aus dem gleichen Stück Holz geschnitten; aber der erste Blick hat wohl auf den richtigen Weg geleitet. Es ist kein Zweifel, daß früher wirklich ein selbständiger Verschluß dagewesen ist, der eingeführt wurde, nachdem man ein vorhandenes zweites Fell abgespannt hatte.

Abb. 48. Vorderindische Doppelkonustrommel (*bâṃyâ*). 1 : 11.

Tatsächlich gibt es noch heute — unter dem Namen *pakhavâja* (sanskr.), *pakhvâj* (marâṭhî), *pakhbâj* (bengal. Umgangssprache),

[1] Die Holzangabe nach einer gef., durch Herrn Prof. Dr. Lewin vermittelten Auskunft des Botanical Survey of India Department in Calcutta.

[2] C. R. Day, The Music and Musical Instruments of Southern India and the Deccan, London 1891, p. 138.

pakhâvaj (hind.) — Bâṃyâs mit zwei Fellen [1]. Dieser Pakhavâja ist offenbar das jüngste Glied einer uralten vorderindischen Trommelsippe; in allem Wesentlichen identisch, unterscheidet er sich nur durch sein kleineres Format und seine gestauchteren Verhältnisse [Abb. 49].

Abb. 49. Vorderindische Doppelkonustrommel (*pakhavâja*). 1 : 11.

Diese nahen Verwandten sind *Mṛdaṅga*, *Khôl* und *Ḍhôlaka* [2]. Khôl und Mṛdaṅga haben die Form zweier schlanker, an den großen Grundflächen vereinigter Kegelstümpfe, deren kleine Basen ungleich groß sind, so daß die beiden Felle verschiedene Durchmesser haben [Abb. 50]. Das größere wird in den Grundton, das kleinere unter Zuhilfenahme der bekannten Schwarzpasta je nach dem gewünschten Modus in die obere Quinte oder Quarte gestimmt; der Spannung dienen Lederriemen, die im Zickzack von Fell zu Fell laufen und durch untergeschobene Holzzylinder gestrafft werden. Zum Schlagen braucht der Spieler die verschiedenen Teile der Hand, Finger, Ballen usw., die der rechten für das kleinere, die der linken für das größere Fell. Im Spiel wird eine erstaunliche Virtuosität entwickelt; die 35 rhythmischen Schemata (*jâti*), die heute noch der indischen Musik zugrundeliegen, werden von niemandem so wie von den Spielern dieser altindischen Trommeln herausgebracht.

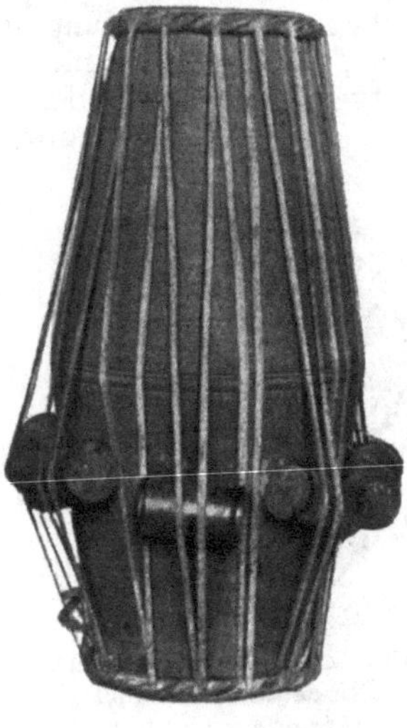

Abb. 50. Bengalische Doppelkonustrommel (*mṛdaṅga*). 1 : 11.

Mṛdaṅga und Khôl sind der Gestalt nach völlig gleich, so daß im Lande selbst beide Namen promiscue gebraucht werden. Da bald Ton, bald Holz (*Artocarpus integrifolia*, *Acacia Catechu*, *Pterocarpus Marsupium*, *Pterocarpus*

[1] Auf Schrank 20.
[2] Auf Schrank 18 und 19.

santalinum) als Material verwendet wird, verteilen die modernen Hindû die zur Verfügung stehenden Namen auf die Ton- und auf die Holztrommel, ohne indessen einem ganz einheitlichen Brauch zu folgen. Am häufigsten scheint das hölzerne Instrument *mṛdaṅga* (sanskrit beng. kannar.; marâṭhî *mṛdaṅg*, hindûst. *mirdaṅg*, tamiḻ *mritaṅgam*, prâkṛ. *muiṅga*, pâlî *mutiṅgo*), das tönerne *khôl* genannt zu werden, wobei jedoch hervorgehoben werden muß, daß auch der Name *mṛdaṅga* Ton als Material voraussetzen sollte.

Abb. 51. Bengalische Doppelkonustrommel (*ḍhôlaka*). 1 : 11.

Über die Entstehung des Mṛdaṅga erzählen sich die Hindû eine Legende: Brahmâ selbst hat das Instrument erfunden, als Mahâdêva, umringt von Indra und andern Gottheiten, nach seinem Siege über den bis dahin unbezwinglichen Dämon Tripurâsura die Füße zum Jubeltanz setzt, und Gaṇêśa, der Elefantenköpfige, spielt sie als erster. In der Tat muß das Instrument oder wenigstens sein Name sehr alt sein; er erscheint bereits in frühen Sanskritbüchern um 400 v. Chr. [1]

Frühe bildliche Darstellungen fand ich z. B. in den altbuddhistischen Skulpturen des Hains zu Sanchi (Zentralindien) aus dem ersten nachchristlichen Jahrhundert und auf den Höhlenmalereien von Ajaṇṭâ in Khandesh (ca. 700 n. Chr.) [2]. Die Verhältnisse sind dieselben; das Profil ist aber nicht gebrochen, sondern gleichmäßig gerundet wie bei gewissen altägyptischen Faßtrommeln; daher fallen denn auch die Spannklötze fort; als Material ist bei den Gemälden an der roten Farbe Ton zu erkennen; die Felle sind zunächst festgeklemmt und dann durch eine Schnürung verbunden, die, durch die Fellränder gezogen, im Zickzack hin- und herläuft; die Perkussion geschieht hier wie dort mit den Händen. Heute ist ein berühmter Herstellungsort Tanjore in der Madras Presidency [3].

[1] Day l. c. p. 137 f.

[2] Vgl. Tafel 6 in J. Griffiths, The Paintings in Buddhist Cave-Temples of Ajanta, Khandesh, India, London 1896, vol. I. — J. Fergusson, Tree and Serpent Worship, Calcutta 1868, plate XXIV, XXVII, XXVIII u. a.

[3] F. R. Hemingway, Tanjore, Madras District Gazetteer, Madras 1906, p. 127.

Der *Dhôlaka* (sanskrit; hind. marâṭhî pañĵ. *ḍhôlak*, dimin. *ḍhôlkî*; von persisch *duhul*) — aus *Euphorbia nerifolia*, *Excoecaria Agallocha* (billige Sorten) oder *Gmelina arborea* — hat den Körper des Mṛdaṅga, gleichgroße Felle, keine Untersteckhölzer und nicht immer Riemenbewicklung. Seine Schnürriemen laufen nicht in ungestörtem Zickzack, sondern werden durch Metallringe zu parallelen Paaren zusammengefaßt [Abb. 51].

Mindestens so ursprünglich als Mṛdaṅga und Khôl ist eine einfache, kegelstumpfartig verjüngte Trommel (sanskr. beng. *mâdalâ* oder *marddalâ*, pâlî *maddalo*, marâṭhî *mâdlâ*, telugu *maddeḷa*, tamiḷ *maṭaḷam*, hind. pañĵ. *mandal*, orâõ *ḳhĕl*, muṇḍa *dumaṅ*) aus weißer Erde mit Zickzack-Riemenschnürung von Fell zu Fell und enger Riemenbewicklung. Seit Urzeiten ist die Mâdalâ auf das engste mit dem indischen Vorstellungsleben verknüpft. Beim Wettanz Îśvara's mit der Todesgöttin Bhadra-Kâlî in der Stadt Chidambaram schlägt Višṇu die Bekken und Brahma selbst die Mâdalâ; noch heute ist sie aborigenen Völkerschaften, z. B. den Mâñĵhi in der Gangesebene [1], heilig.

Abb. 52. Faßtrommel von Ceylon, mit Stimmpasta. 1 : 11.

Eine modernere Art der Mâdalâ hat bereits leicht auswärtsgewölbte Wände, so daß die Form eines Faßes entsteht, und wird auch häufig aus Holz hergestellt [Abb. 89]. Mit dieser Faßform hat die zweifellige Röhrentrommel den Typus erreicht, der in der ganzen Welt der verbreitetste ist und daher für das einzelne Land, das einzelne Volk der am wenigsten charakteristische.

Auch für die indische Trommel gibt er das allgemeinste Schema her. In Vorderindien sind die beiden Felle durchgängig mit Lederriemen verbunden. Auf Ceylon fällt die Faßtrommel durch ihre metallenen Querbänder, durch die überstehenden Randwülste der Felle und durch die in der Mitte quer über das Spannwerk gezogenen Halteriemen [2] auf [Abb. 52].

---

[1] W. Crooke, Natives of Northern India, London 1907, p. 76.
[2] Auf Schrank 4 b.

Hinterindien, das Land, in dessen Boden sich drei große Kulturen teilen, hat auch einen an Schattierungen reicheren Bestand von Faßtrommeln. Auf den ersten Blick schon kristallisieren sich, jenen drei Kulturzonen entsprechend, drei scharf unterschiedene Gruppen heraus. Im Westen (Ostbengalen, Birma und z. T. Siam) herrscht die von Vorderindien her bekannte Fellspannung mit Lederriemen; im Süden, in den Malaiischen Schutzstaaten, hat die den Malaien eigene Spannung mit Stuhlrohr (*rôtaṅ*) Eingang gefunden; das ganze Zentrum und der Osten (Siam zum größten Teil, Annam, Tonkin, Kamboja) stehen im Zeichen der ostasiatischen Fellnagelung mit Eisen- oder Holzstiften.

In Siam prallen die Trommeltypen der drei Kulturen aufeinander [Abb. 3]. Das handgeschlagene *Tăphôn* geht mit seinen Lederriemen in enger Zickzackführung auf Birma, Ostbengalen und Vorderindien zurück; der Ständer, auf dem es horizontal ruht, ist vom japanischen Da-daiko her bekannt und die geflochtene Handhabe in der Bauchmitte von den roheren Rôtaṅhängern indonesischer Trommeln. Das helle *Kloṅ yai*, die »große Trommel«, weist mit seinen würfelförmigen Proportionen und seiner Fellnagelung nach Ostasien hinüber; sein metallener Tragring, der an die Türklopfer unserer alten Häuser erinnert, ist in roher Form als Rôtaṅhandhabe oder als angeschnitzter Bügel im Archipel heimisch. Das *Kloṅ khĕk* endlich, dessen Name selbst »fremde Trommel« bedeutet, gehört mit seinen Rôtaṅbändern in die Malaienwelt. An dies Kloṅ khĕk sind meist zwei Holzstäbe über Kreuz derart angebunden, daß sie am einen Ende beträchtlich über das Fell hinausragen; da die Bedeutung dieser Vorrichtung in den meisten Sammlungen mißverstanden wird, so möge hier bemerkt werden, daß das Instrument sich auf die überragenden Enden der Stöcke stützen muß; es wird auf diese Weise eine Schrägstellung der Trommel herbeigeführt, die dem kauernden Spieler die Arbeit erleichtert [1].

Im Gegensatz zur Vielgestaltigkeit der siamesischen Faßtrommel hat die indochinesische kein indisches Element aufgenommen. Es ist das von China her bekannte Bild: ein kräftig gebauchter Holzkörper, oft mit Querrippen; angenagelte Felle; das ganze Instrument mit einer dicken Schicht farbigen, meist roten Lacks überzogen. Ausnahmslos sind sie nach diesem Schema gebaut, ob es sich um die kleine, den Mandarinen voraufgetragene und je nach ihrem Rang geschlagene »Votivtrommel« *Cai trôṅ khân* mit ihrem Stiel an der Zarge handelt, um das flache *Cai bom* mit dem Eisenring

---

[1] Schrank 55.

in der Bauchmitte oder um das große *Cai trôṅ* [Abb. 53] mit seinen Büffelfellen, seiner reichen Lackornamentierung und seinen klingelnden Drähten im Innern wie beim chinesischen Hua ku [1].

Abb. 53. Annamitischer Trôṅspieler. Nach Knosp, Rapport.

Bei der Faßtrommel des Archipels (malaiisch *gĕndaṅ*, dayakisch *gandaṅ*, javanisch *kĕndaṅ*, auf Flores *gandar*, atjeh *göndĕraṅ*, makassarisch *gânraṅ*, buginesisch *gänraṅ*, To-Radja-Sprache *gimba*, batakisch *gondaṅ*, *gordaṅ*) herrscht, wie wir schon andeuteten, die Rôtaṅspannung vor [Abb. 5]. Eine Ausnahme macht z. B. das im Museum zweimal vertretene *Bava*, ein Tanzinstrument von den Allor-Inseln (Residentschaft Tîmor). Es ist ein rohes Seitenstück zum siamesischen Kloṅ yai: die Felle sind angepflöckt, und an die Bauchmitte ist ein Henkel angeschnitzt [2].

Die seltsamste Gruppe unter den zweifelligen Trommeln wird von denjenigen gebildet, deren Mitte schlanker ist als die Enden, die also in ihrer ausgesprochensten Form an eine Sanduhr erinnern [Abb. 54].

Abb. 54. Vorderindische Sanduhrtrommel (*ḍamaru*). 1:11.

Die Sanduhrtrommel (sanskr. beng. *ḍámaru*, augment. *huḍúkka*, hind. *ḍamrû*, populär-hind. *ḍaurû*, *ḍairû* [masc.], marâṭhî *ḍámru*, malayâḷam *úḍukka*, tamiḷ *úḍukkei*, telugu *úḍuka*, siṃhal. *úḍẹkkiya*, kannar. *ḍavaṇĕ*) spielt in der indischen Mythologie eine bedeutsame Rolle als Attribut zahlreicher Persönlichkeiten des Pantheon. Brahmâ's gelehrtes Weib Sarasvatî, die Todesgöttin Bhadra-Kâlî, der vierzehnhändige

---

1 Schrank 57.

2 Auf Schrank 82.

Zornesgott Aghôra, die Schutzgöttin Piḍâri, Îśvara in der Form des Îśâna[1], Śiva, die Gaṇa's und Ḍâkinî's (Hexen), sie alle tragen in der Hand die Trommel Ḍamaru, umwunden mit der Schlange, dem Symbol des Heils wie des Todes.

Der Zusammenhang mit Mythos und Mystik hat für die Sanduhrtrommel im modernen Indien fast ganz aufgehört. Bei den Tibetern, die den Buddhismus erhalten haben, ist sie noch Kultinstrument; in Indien haben ihr nur die Bhûtapriester des Südens zum Teufelzitieren eine religiöse Stellung bewahrt. Im übrigen Land ist sie zu den Ausrufern, Bettlern und Schlangenbändigern hinabgesunken.

Der Körper der vorderindischen Sanduhrtrommel, aus Ton, Holz oder gelegentlich selbst Bronze, hat die Form zweier etwa halbkugeliger Schalen, die an den Scheiteln ineinander übergehen; die beiden Membranen sind durch eine Zickzackschnürung verbunden und diese ihrerseits ist in der Mitte durch eine Umwicklung gestrafft. Die Mehrzahl der Sanduhrtrommeln wird richtig — in der Regel mit der Hand — geschlagen. Kleinere Stücke haben dagegen oft an der mittleren Umschnürung eine oder zwei kurze Riemen mit Leder- oder Korkkügelchen an den Enden hängen; der Spieler faßt die Trommel mit Daumen und Zeigefinger um die Taille und schwenkt sie derart herum, daß die Kugeln gegen die Felle schlagen. Offenbar ist diese Rasseltrommel älter als die gewöhnliche Sanduhrtrommel; denn überall sonst in der indischen Welt sind Trommeln mit einer derartigen Einrichtung — beng. *paṭpaṭî*, kâśmîrî *čankela*, birm. *palototan*, javan. *terbaṅ* usw. — zu Kinderspielzeugen oder Bettlerinstrumenten geworden.

Die Frage nach der Entstehung einer so seltsamen Bildung wie der Sanduhrtrommel kann nicht leicht beantwortet werden. Am zwanglosesten wäre die Voraussetzung, daß es sich zunächst um eine Verbindung zweier menschlicher Schädeldecken handle. In der Tat besteht die Sanduhrtrommel Tibets (*čaṅ teu*) noch heut aus zwei durch eine Holzplatte verbundenen Schädeldecken. Da diese nun einerseits mit dem erwähnten Rasselmechanismus versehen, also wohl sehr alt ist, und da andrerseits die mit den Tibetern verwandten indochinesischen Völker sanduhrförmige Trommeln nicht haben, eine Landeszugehörigkeit des Typus demnach für Tibet unwahrscheinlich ist, so wäre es nicht unmöglich, daß die heutige tibetische Form die älteste vorderindische repräsentiert; irgendwann müßten die Schädel der hinduisti-

[1] B. Ziegenbalg, Genealogie der malabarischen Gottheiten, Madras 1867, p. 141, 170, 175, 244.

schen Scheu vor Leichen und Leichenteilen zum Opfer gefallen sein.

Dagegen spricht aber eins: die älteste mir bekannte Darstellung einer vorderindischen Sanduhrtrommel — auf den Malereien der ersten Höhle von Ajaṇṭâ in Khandesh, ca. 700 n. Chr. — stellt ein langgezogenes, nur wenig eingeschnürtes Holzinstrument dar, entfernt sich also von der tibetischen Schädeltrommel noch mehr als die heutige.

Ein Derivat des Ḍamaru ist offenbar das japanische Tsuzumi, das unmittelbar vom chinesischen Čań ku abgeleitet ist. Dieses wieder ist nach alten chinesischen Quellen fremden Ursprungs; es soll tausend Jahre vor Konfuzius von den Barbaren zur Begleitung des Gottesdienstes eingeführt worden sein [1], ist also jedenfalls mit dem Buddhismus eingedrungen. Von dem Ḍamaru unterscheidet es sich in seiner modernen Form zunächst durch eine zwischen die Schalen gesetzte Röhre und durch einen für die meisten ostasiatischen Trommeln charakteristischen überstehenden Scheibenrand, der die Öffnungen umgibt, vielleicht um die Reibung der Membran an dem scharfen Rand des Körpers zu vermeiden. Der gleiche Scheibenrand ist der Sanduhrtrommel von Ceylon eigen, was hier ohne weitere Schlußfolgerung festgestellt sei. Ebenso mag das Vorkommen tsuzumiähnlicher Sanduhrtrommeln vor allem in West- und in Ostafrika nur als Tatsache mitgeteilt werden.

Die Sanduhrtrommel strenger Form, von der bisher die Rede war, ist innerhalb Indiens durchaus auf Vorderindien beschränkt. Im weiteren Sinne kommt die Sanduhrtrommel auch auf Celébes vor. Die Berliner Sammlung hat ein auffallendes Stück von Tabarano im Südosten der Insel, dessen Felle derart geschnitten sind, daß zwischen den einzelnen Spannbändern überschüssige Lappen am Rande herausspringen [2]. Die nur geringe Einziehung des Körpers weist nach der Südsee hin. Dagegen deutet die seltsame Anordnung des Spannapparats auf die Herkunft von der Bechertrommel; nicht wie sonst bei zweifelligen Trommeln werden beide Membranen durch die Bänder verbunden, sondern von jedem Fell laufen kurze Rôtańführungen längs zu einem durch Keile gehobenen Abschlußring, genau wie bei den indonesischen Bechertrommeln.

---

[1] F. Piggott, The Music and Musical Instruments of Japan, 2d ed., Yokohama-London 1909, p. 170. — Ma tuan lin, Wên Hsien T'ung K'ao (ca. 1300). — A. C. Moule, A List of the Musical an other Sound Producing Instruments of the Chinese, in Jour. North-China Branch R.A.S. XXXIX (1908) p. 148.

[2] Schrank 104.

Zupftrommeln.

Vorderindien hat eine ganz eigenartige Gruppe von Instrumenten geschaffen, die einzig dazustehen scheint. Ihr Prinzip läßt sich so umschreiben: eine ausgespannte Saite ist durch eine Membran gezogen und hinter ihr verknotet; beim Zupfen der Saite werden die Schwingungen auf die Membran über-

Abb. 55. Nordindische Zupftrommel (*ânanda laharî*).
Nach Mahillon, Catalogue.

Abb. 56. Nordindische Zupftrommel (*gôpî yantra*).
Nach Mahillon, Catalogue.

tragen, so daß der Ton nach Höhe und Qualität von der Saite und der Membran und schließlich auch von dem die Membran umgebenden Trommelkörper abhängig ist. Der Anteil dieser Faktoren an der Tonbildung müßte einmal im einzelnen von der Akustik bestimmt werden. Nach Analogie der Schlag- und der Reibtrommeln wollen wir diese Tonwerkzeuge »Zupftrommeln« nennen; obgleich die Saite das primär schwingende ist, rechnen wir sie zu den Membranophonen, weil von jenen Faktoren die Membran der wesentliche ist, wie ja auch die verwandten Reibtrommeln, bei denen zunächst die Saite fringiert wird, von der Instrumentenkunde nicht den Chordophonen zugezählt werden.

Ânanda-laharî, »Woge der Wonne«, nennen die Bengalen die doppelte Zupftrommel [Abb. 55]. Eine Darmsaite verbindet die Felle zweier verschiedengroßer hölzerner Trommeln, von denen die größere ein Fell auf der abgewandten Seite hat, die kleinere dagegen zweifellig ist. Jene wird unter dem linken

Abb. 57. Malabarischer Zupftrommel-Spieler.

Arm, diese mit der linken Hand gehalten; ihre mehr oder minder große Entfernung führt diejenige Spannung der Saite und Höhe des Tons herbei, die der Stimmlage des begleiteten Bettelmönchs entspricht; zum Anreißen wird ein Plektrum verwendet [1].

Verbreiteter ist eine andre bengalische Form, das *Gopî-yantra*, »[Kṛšṇa's] Hirtinneninstrument« [Abb. 56]. Eine gegabelte, biegsame Bambusröhre sitzt mit den Zinken auf

[1] Schrank 18.

dem Rand einer Faßtrommel aus Holz oder Kürbis, auf deren entgegengesetzte Öffnung ein Fell geklebt, gepflöckt oder geschnürt ist; von der Mitte dieses Fells, zwischen den Gabelzinken hindurch, läuft eine Stahlsaite zu einem Wirbel in dem ungespaltenen Teil der Bambusröhre. Während die rechte Hand mit einem Plektrum die Saite anreißt, kann die linke durch mehr oder weniger starkes Zusammendrücken der Gabelzinken die Spannung der Saite lockern und ihren Ton vertiefen.

In etwas anderer Weise baut das mittlere Indien und der Süden seine Zupftrommel (*yektar* oder *tuṇtuṇi*). Sie besteht aus einem oben offenen, unten durch eine Membran geschlossenen Gefäß und einem von seiner Seite aus schräg ansteigenden Bambusstiel mit einem Wirbel im Oberende, den die einzige Saite mit der Membranmitte verbindet. Diese Form ist im Dekkan und in den Zentralprovinzen sehr verbreitet; ein Yektar- und ein Trommelspieler führen eine Art eintönigen Dialog über aktuelle Gegenstände und anwesende Hauptpersonen und begleiten sich dann und wann durch einen Schlag auf ihren Instrumenten [1].

In Malabâr wird das Prinzip mit dem Ghaṭa verbunden: die Saite ist an der Membran über dem Bodenloch eines irdenen Topfes einerseits und an einer kleinen Kalebassenhälfte andrerseits festgeknüpft und wird durch einen gegengeklemmten, am Topf angebundenen Stock in Spannung gehalten [Abb. 57]. Der einheimische Name ist *púlavaṉ kúḍam* [2].

Waldteufel.

Reibtrommeln, d. h. Membranophone, deren Fell oder deren das Fell durchbohrende Saite durch Friktion in Schwingung versetzt wird, kommen in Indien nur in Form des auch unsern und den chinesischen Kindern bekannten, wahrscheinlich von Indien importierten Waldteufels vor. Das Prinzip lautet hier: durch die Membran einer Trommel ist ein Faden gezogen, am einen Ende mit einem Knoten gesichert und am andern um die kolophoniumbestrichene Ringkerbe eines Handgriffs geschlungen; durch die Bewegung dieses Griffs wird die Trommel herumgeschleudert und der Faden, sekundär auch die Membran in Schwingung

---

[1] Day l. c. p. 130 f.

[2] H. Balfour, The Friction Drum, in Jour. Roy. Anthropol. Inst. XXXVII (1907) p. 84. — Ann. Rep. Madras Governm. Mus. 1902/3 p. 4. — E. Thurston, Ethnogr. Notes in South. India, Madras 1906, pl. XVI/XVII. — Exempl. im Pitt Rivers Museum zu Oxford.

versetzt. Der Ton ist ziemlich stark brummend und musikalisch reizlos.

Das Museum besitzt zwei Stücke aus Indien, eins aus Benâres (*mêgha* [»Wolke«]) [1] und eins aus Âsikâ in Orissa (*dhurki*) [2]. Das aus Benâres, ein Kinderspielzeug, hat eine halbkugelige Kesseltrommel mit übergeklebter Membran, das aus Orissa, das von den niederen Kasten benutzt wird, eine Walzentrommel mit angepflöckter Membran.

Mirlitons.

Das Mirliton, für das ein volkstümlicher deutscher Ausdruck leider fehlt — die Instrumentenkunde müßte es im Gegensatz zu den vorhergehenden Gruppen Blastrommel nennen —, beruht auf den Schwingungen einer Membran unter dem Einfluß periodisch verdichteter Luft. Im Vergleich zu andern Ländern bedient sich Indien dieses Prinzips äußerst selten. Vorderindien zumal hat nur ein einziges Instrument der Art herausgestellt, das freilich an Originalität alle anderen der Gruppe weit hinter sich läßt.

Abb. 58. Nyâstaranga-Spieler. Nach Mahillon, Catalogue.

Dieses seiner schwierigen Handhabung wegen sehr seltene Tonwerkzeug (beng. *nyâstaraṅga*) [3] hat äußerlich die Form eines Paars kurzer Trompeten aus Messing in konischer, allmählich erweiterter Form mit Schallbechern und Mundstücken; im Mundstück aber ist die zähe Schutzhaut verborgen, mit der gewisse Spinnen ihre Eier umgeben. Setzt man die Röhren beim Singen rechts und links vom Kehlkopf an bestimmte Stellen des Halses, so teilen sich die Kehlkopfschwingungen den Spinnweben mit, und diese übertragen sie wiederum den in den Trompeten eingeschlossenen Luftsäulen. Die Folge ist eine intensiv oboenartige Färbung der Singstimme [Abb. 58].

Hinterindien verwendet das Mirlitonprinzip nur sekundär.

---

[1] Schrank 121.
[2] Schrank 19.
[3] Schrank 19.

Nach ostasiatischem Brauch gibt es einem Teil seiner Blasinstrumente oberhalb der Grifflöcher ein weiteres Loch und verklebt es mit einem feinen Goldschlägerhäutchen, das beim Blasen mitschwingt und den Klang nasal färbt. So eingerichtet finden wir in Annam und Tonkin die Querflöten (*cai ôn dič*) wie die Schnabelflöten (*cai sao*), in Lâo die Schalmeien mit durchschlagender Zunge (*khüī*) und einen Teil der niederbirmanischen und siamesischen Schnabelflöten.

Eigentliche Musikinstrumente sind die Mirlitons nicht, da sie nicht dazu bestimmt sind, selbständige Töne hervorzubringen, sondern nur fremde Klänge zu färben.

III. Chordophone.

Zithern.

Die Hellenen haben eine alte Sage, die bis ins 19. Jahrhundert hinein in der Einleitung einer jeden Musikgeschichte steht: Einst wandelt Hermes am Ufer des Nils, da berührt sein Fuß den Kadaver einer Schildkröte, den der Strom ans Ufer gespült hat; die Sonne hat alle Fleischteile ausgedörrt, und nur Panzer und Sehnen sind übrig. Diese erklingen, als der Gott anstößt, und, betroffen von dem unerwarteten Ton, nimmt er das Tier auf und schafft nach seinem Vorbild das erste Saiteninstrument, die Lyra [1].

Ich will nicht davon sprechen, daß die Legende ebenso akustisch wie zoologisch der Kritik nicht standhält. Die Lyra aber — das muß gesagt werden — ist ein so kompliziertes, ein so reifes Instrument, daß es ohne eine lange Ahnenreihe nicht gedacht werden kann. Indes gibt es ein andres Bild, das die griechische Göttergeschichte vor uns aufrollt, ein um so wahreres vielleicht, als es weniger lehrhaft, weniger beabsichtigt ist: das Bild vom Apollon Kitharodos. Die Kithara als Attribut des göttlichen Bogenschützen — das heißt weitsinniger ausgedrückt: Vater des Saitenspiels ist der Gott des Schießbogens, derjenige, der nie den unfehlbaren Pfeil absenden konnte, ohne das feine Tönen der zurückschwingenden Saite zu vernehmen. Und wie auf dem Olymp der Bogenschütze Phöbus das Saitenspiel im Arm hält, so ist im indischen Pantheon der vielgestaltige Śiva Herr des Musikbogens [2], d. h. des als Musikinstrument be-

[1] Apollodor lib. II.

[2] S. M. Tagore, Short Notices of Hindu Musical Instruments, Calcutta 1877, p. 29 f. — Von der Erfindung des Musikbogens durch Śiva habe ich freilich nichts in den Quellen gesehen. Doch hat Rudra-Śivas Schießbogen in den Itihâsas und Purâṇas nicht nur die gewöhnliche Bezeichnung *dhanu* oder *dhanû*, sondern den eigenen Namen *pinâka*. Vgl. z. B. die Rudra-Legenden in J. Muir, Original Sanskrit Texts, London 1863, IV 312 ff. und Viṣṇupurâṇa l. I c. 9.

nutzten Schießbogens. Und drittens: die Japaner haben noch heute eine Zither mit sechs Saiten; nach ihrer Auslegung wäre dies Yamato koto aus sechs Schießbögen zusammengesetzt, und der Gott Ameno Kamato hätte ihm das Leben gegeben, um mit seinen Klängen die Sonnenkönigin Amaterasu aus ihrem Versteck zu locken. Dreimal hat hier eine große und alte Kulturnation in ein mythologisches Gewand die Erinnerung an die Entstehung des ältesten Saiteninstruments gekleidet. Die Instrumentenkunde hat keinen Anlaß, diesen Dokumenten zu widersprechen. Auch sie steht auf dem Standpunkt, daß dem Bogen des Jägers in der Geschichte der Saiteninstrumente die Rolle eines Stammvaters zukommt. Es muß indessen betont werden, daß er nicht der einzige gewesen ist; die indische Typologie selbst wird zeigen, inwieweit andre Entwicklungslinien in Frage kommen.

Indien gehört neben Melanesien, der südlichen Hälfte Afrikas und einigen Gegenden Mittel- und Südamerikas zu den wenigen Ländern, die den einst wohl fast universal verbreiteten Musikbogen beibehalten haben. Der nordindische Bogen (*pinâka* oder *pinâkî viṇâ*), den schon die Veden nennen, gehört mit seinem Bambusspahn als Stange und seiner Darmsaite als Sehne zum einfachsten Typus [1]. Die Resonanzkalebasse entwickelterer Instrumente, die den äußerst kleinen Ton verstärkt, und die Stimmschlinge, die ein besseres Intonieren ermöglicht, fehlen. Im Pinâka ist die Loslösung vom Schießbogen noch nicht vollzogen; der zupfende Finger vermag der Saite nur einen einzigen schwachen Ton abzugewinnen. Im Archipel, auf Tîmor und Tîmorlaut, sollen ebenso einfache Musikbögen mit Holzstange und Drahtsaite zur Gesang- und Tanzbegleitung mit einem Schlägel gespielt werden.

Die schon angedeutete normale Weiterentwicklung des Musikbogens mit Annahme der Resonanzkalebasse und der Stimmschlinge ist merkwürdigerweise in der ganzen indischen Welt kaum vorgenommen worden. Angeblich benutzen die Hô oder Kolh im nordöstlichen Vorderindien Bögen mit zugehöriger Kalebasse an der Stange oder an der Saite. Freilich haben weder der Verfasser noch H. Balfour, der die Notiz bringt, ein derartiges Stück gesehen. Oberst Samuels hat seinerzeit an Balfour eine Skizze geschickt, nach der diese Bogenzither manchmal mit einem rohen Geigenbogen gestrichen würde [2]. Das ist interessant genug, da Streich-

[1] Schrank 18.

[2] H. Balfour, The Natural History of the Musical Bow, Oxford 1899, p. 66.

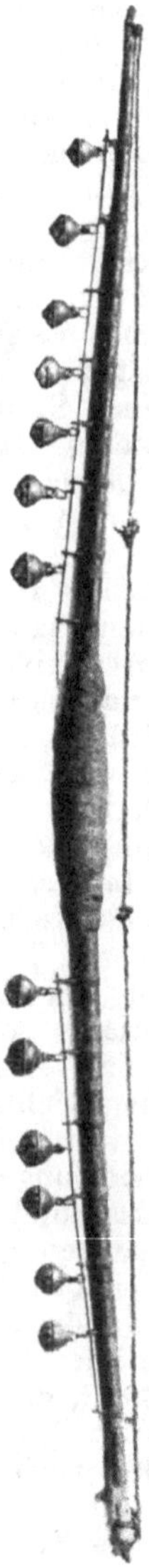

Abb. 58. Riesen-Musikbogen von Travancore; Exemplar des Leipziger Völkerkundemuseums. 1 : 20.

bögen recht selten sind; wir finden sie in Patagonien, in Litauen und auf einer Miniatur des spanischen Mittelalters. Es liegt indes so nahe, die Friktion auf einen schon bestehenden Musikbogen zu übertragen, daß die Annahme irgendwelcher Zusammenhänge verfrüht wäre.

In der Regel wird eine Klangverstärkung erzielt, indem der Spieler die Stange des Bogens auf ein Gefäß stützt. Wir konnten das bereits bei den Schrapbögen beobachten, die oben unter den Idiophonen besprochen werden mußten; wir können es weiter in Saravak im Norden Borneos sehen, wenn die Tanjoṅ von Rejaṅ ihren einfachen Bogen (*busoi*) mit der Stange auf eine Holzscheibe (*aran*) und diese auf die Öffnung eines irdenen oder metallenen Topfes legen, so daß die mit einem Hölzchen geschlagene Saite ihre Schwingungen einem ausgiebigen Resonator mitteilen kann [1].

Dem, der von der Geschichte des Musikbogens aus auf Indien blickt, müssen sich all die dortigen Spezimina als sonderbare Außenseiter darstellen. Hier wird statt eines angehängten Resonators ein abgetrennter benutzt, dort bleibt die Saite aus dem Spiel, während die gekerbte Stange geschrapt wird, und in einem dritten Falle wieder wird die Saite mit einem zweiten Bogen gestrichen.

Alle Besonderheiten aber verblassen vor dem groteskmonumentalen Riesenbogen von Travancore und Tinnevelly, der ebenso eine Mischung von ungebändigter, überwuchernder Phantasie und verwilderter Kultur ist, wie der Teufelstanz selbst, zu dem ihn die Śâṇâr spielen [Abb. 58]. Da sind die heterogensten Elemente gemischt: der alte Bogen, auf eine Länge von zwei Metern ausgereckt, ein mitklingelnder Schellenbehang und ein Resonator als Stütze; aber nicht der übliche Resonator, keine Kalebasse oder dergleichen, sondern jener irdene Schlagtopf Ghâṭa, den wir in Südindien haben als Einzelinstrument

[1] R. Shelford, An Illustrated Catalogue of the Ethnographical Collection of the Sarawak Museum — Part I, Musical Instruments, in Jour. of the Straits Branch R. A. S. Nr. 40, 1904, p. 5.

spielen sehen und den auch hier ein besonderer Spieler mit der Hand bearbeitet, während ein zweiter in raschestem Zeitmaß mit zwei Stöckchen die Saite schlägt [1]. Sucht man nach Vorbildern für das hypertrophe Instrument, so gerät man in eine Gruppe altertümlicher Apparate, die noch heute im südlichen Hinterindien und auf Madagaskar begegnen und hier auf Seite 105 als »Erdzithern« besprochen sind.

All diesen Musikbögen ist ein Grundfehler gemeinsam, nämlich die Schwierigkeit, ja Unmöglichkeit, die Saite auf einen bestimmten Ton zu bringen. Es bedeutet einen ungeheuren Fortschritt, wenn der Bogen halbstarr wird, d. h. nur am einen Ende elastisch genug bleibt, um die Saite in Spannung zu halten, am andern, steifen Ende dagegen einen Wirbel annimmt für die eigentliche Stimmung.

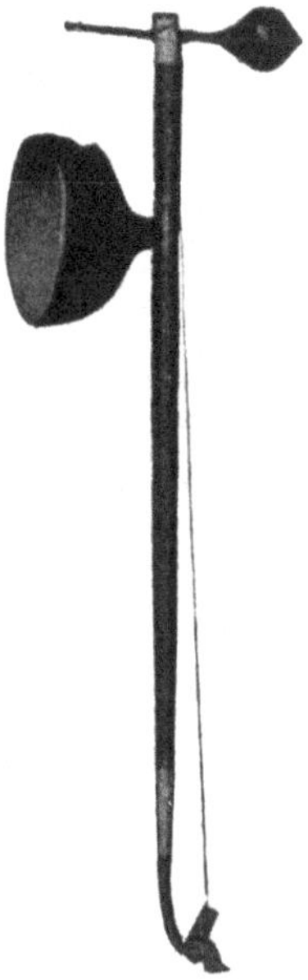

Abb. 59. Kambodjanische Stabzither (*sadiu*). 1 : 11.

Auf dieser Stufe steht die hinterindische Stabzither mit ihrer im wesentlichen geraden, aber nach unten verjüngten und aufgebogenen Stange und ihrer Resonanz-Kürbishälfte unterhalb des Wirbels [Abb. 59]. Das Museum zeigt ein paar kambodjanische Stücke (*sadiu*) mit einer Drahtsaite und langem, hinterständigem Wirbel [2] und eins aus Lâo (*piah*) mit schon vier Drahtsaiten und gekreuzten Wirbeln [3]. Der Spieler hält die Stange mit der linken Hand schräg vor den Körper, so daß das Oberende mit dem Wirbel der linken Schulter, das Unterende dem rechten Knie nahekommt; die Kürbishälfte wird gegen die linke Brust gedrückt, so daß der Spieler selbst noch als Resonator mitwirkt.

Wenn wir die halbstarren Stabzithern als die nächste Stufe des Bogens bezeichnet haben, so gilt das natürlich nur vom Prinzip. Die hinterindischen Stücke, die heute noch am Leben sind, stehen durch die Sorgfalt ihrer Arbeit, durch ihren Saitenbezug und ihre Wirbelanlage unendlich höher, während sich umgekehrt aus einem jüngeren Zustand Typen erhalten haben, die weit primitiver als die jetzigen halbstarren sind.

[1] S. Mateer, Native Life in Travancore, 1883, p. 107. — Exemplar im Ethnologischen Museum zu Leipzig Nr. SAs 3823.

[2] Schrank 58.

[3] Schrank 59.

Dieser jüngste Zustand hat den biegsamen Saitenträger durch einen ganzstarren ersetzt. Sein einfachstes Schema ist ein etwa meterlanger Bambusstock mit Saite und Resonanzkürbis; um die Saite von der Stange abzuheben, ihr also ein freies Schwingen zu ermöglichen, mag man zum Anknüpfen des Unterendes — wie es in Afrika noch vorkommt — einen Astansatz benutzt haben; in Indien ist statt dessen bereits ein Holzhaken eingeführt [Abb. 60]. Das ist die Form der aborigenen starren Stabzither, wie sie noch heute in Čhôṭâ Nâgpur und Orissa unter den Namen *tuila* [1], *tohila* [2], *bajah* [3] gespielt wird. Beim Spielen wird der Stab mit dem Haken nach unten vor die rechte Körperhälfte gehalten und der Kürbis gegen die Brust gedrückt; während die Finger der rechten Hand nahe dem Unterende zupfen, verkürzt die zum Halten bestimmte Linke gleichzeitig die Saite durch Fingeraufsatz, so daß einfache Melodien — Oberst Samuels spricht sogar von christlichen Weihnachtsliedern — recht gut gespielt werden können. In Parenthese möge darauf aufmerksam gemacht werden, daß der Resonanzkürbis über der Öffnung einen losen Kragen aus gleichem Material hat, und daß diese Einrichtung auch bei afrikanischen Resonanzkalebassen angetroffen wird [4], wie denn das ganze Instrument an der ostafrikanischen Küste Analoga hat.

Abb. 60. Stabzither (*tuila*)-Spieler von Chôṭâ-Nâgpur.

Nach Balfour, Nat. Hist. of the Mus. Bow.

Die entwickeltere, typische Form der ostafrikanischen Stabzither, die im allgemeinen mit dem Suahelinamen *zeze* bezeichnet wird, hat statt des Rundstabes ein überkantgestelltes Brett. Auch diese Besonderheit bleibt Indien nicht schuldig [Abb. 61]. Eine Gruppe, die auf Celébes (Posso

[1] Balfour, The Natural History p. 63.

[2] Orāô-Name nach F. Hahn, Kurukh-English Dictionary, vol. I, Calcutta 1903, p. 171.

[3] Nach Col. Samuels bei Balfour l. c. p. 65.

[4] Vgl. B. Ankermann, Die afrikanischen Musikinstrumente, Leipziger Dissertation o. J., p. 6.

túnde, Kageróva *sosánru*), Halmahêra in den Molukken (*suléppe*) und Ternate (*tutalo*) belegt ist, hat als Saitenträger ein kurzes, überkantgestelltes Holzbrett mit geraden oder geschweiften Enden; diesmal hängt der Resonanzkürbis oder vielmehr die Kürbishälfte nicht frei nahe dem einen Ende, sondern in der Mitte oder ganz in ihrer Nähe, und zwar an einer Bambusgabel, die das Brett einklemmt und der Saite als Steg dient[1].

Weder der Archipel mit seiner brettartigen, noch Hinterindien mit seiner halbstarren Stabzither sind in der Entwicklung weitergekommen. Einzig Vorderindien hat höhere Stufen hervorbringen können.

Abb. 61. Stabzither von Celebes (*tunde*). 1 : 11.

Der höchste Gipfel innerhalb der Stabzithernfamilie, die Mahatî vîṇâ des nördlichen Vorderindiens, stammt von jenen einfachen vorderindischen Stäben ab, deren kunstlose Form sich noch heute, wie wir sahen, in Chôṭâ Nâgpur und Orissa erhalten hat. Es ist eine gute Strecke Weges zwischen diesen beiden Entwicklungsstadien, ein Weg, den der feine musikalische Sinn des Inders vorgezeichnet und den seine Handwerkskunst hat zurücklegen können. Leider ist es nicht mehr möglich, Schritt für Schritt diesen Weg nachzugehen. Aber die wichtigsten Versuche, vorwärtszukommen, sind in dieser oder jener Gegend des Landes versteinert und dem Blick des Beobachters erreichbar.

Für die älteste Zeit ist eine Roßhaarsaite als Bezug anzunehmen. Die allgemein gültige Erfahrung, daß Haarbündel den Darm- und Seidenschnüren und den Metalldrähten als Saitenmaterial vorausgehen, wird für die Stabzither durch eine hübsche, im Mâhârâṣṭrî-Dialekt geschriebene Mûladeva-Legende bestätigt, auf deren Mitteilung ich nicht verzichten möchte.

»Bald darauf trat ein Vîṇâ-Spieler ein und spielte die Vîṇâ; und Devadattâ war entzückt von seinem Spiel und rief: »Bravo! Ausgezeichnet gespielt! Bravo! Deine Kunst ist schön!« Aber Mûladeva sagte:

»Ja, die Leute von Ujjayinî sind kunstverständig; sie kennen den Unterschied von schön und unschön.«

Devadattâ fragte: »Was für einen Fehler findest du daran?«

Mûladeva antwortete: »Die Resonanzröhre ist unrein, und die Saite ist fehlerhaft.«

[1] Schrank 104.

»Woran kann man das erkennen?«

»Ich werde es zeigen.«

»Die Vîṇâ wurde ihm überreicht; er zog ein Steinchen aus der Röhre und aus der Saite ein Haar. Als er [das Instrument] in Ordnung gebracht hatte, fing er selbst an zu spielen. Der Sinn der Devadattâ und ihrer Umgebung [Dienerschaft] wurde hingerissen, und ein in der Nähe stehendes Elefantenweibchen, das die Gewohnheit hatte, immer zu schreien, blieb ganz still stehen und bewegte den Kopf mit herabhängenden Ohren hin und her«[1].

Das Pañĵâb hat uns in seinem *Kiṅg*[2] das Stadium der Stabzither bewahrt, in dem zwar bereits Draht verwendet

Abb. 62. Pañĵâbische Stabzither (*kiṅg*). 1 : 11.

wurde, aber noch nicht das Bedürfnis vorlag, Zusammenklänge zu bringen [Abb. 62]. Der Bezug besteht also nach wie vor aus einer einzigen Saite. Man hat indessen bereits einen Wirbel eingeführt, um die Stimmung genau regeln zu können, man hat sieben Bundstege auf den Stab gesetzt, um dem Spieler eine größere Sicherheit zu geben, wenn er durch Niederdrücken der Saite an dieser oder jener Stelle ihre Länge und damit die Tonhöhe verändert, und man hat endlich statt des einen Resonanzkürbisses deren zwei angehängt, um einen kräftigeren Klang zu erzielen.

Die Stabzither, die unser Museum von den aborigenen Khâṇḍâ im Ghumsârâ-Distrikt besitzt[3], bedeutet demgegenüber trotz ihrer rohen Machart einen Fortschritt [Abb. 63]. Statt sieben sind bereits acht Bundstege aufgeklebt, und die

---

[1] H. Jacobi, Ausgewählte Erzählungen in Mâhârâṣṭrî, Leipzig 1886, p. 56. — Herr Dr. Hüttemann hatte die große Freundlichkeit, mir eine Übersetzung herzustellen.

[2] B. H. Baden Powell, Hand-Book of the Manufactures and Arts of the Punjab, Lahore 1872, II 274. — Schrank 28.

[3] Schrank 11.

Zahl der Saiten ist auf zwei erhöht. Das Bedürfnis, der Melodie weitere Grenzen zu stecken, hat sich herausgebildet, und die zweite Saite, die nicht über die Bünde, sondern nebenher läuft, zeugt bereits von der Praxis des hohen indischen Saitenspiels, die Melodie mit dem feinen Klingeln einer hohen, in unveränderter Lage tönenden Stahlsaite zu begleiten. Die beiden Resonanzkürbisse haben wieder den eigenartigen, bereits oben besprochenen Kragen.

Die Bengalen stellen heute noch mit großer Sorgfalt eine Stabzither, die *Kairâta vîṇâ*[1] d. h. »Vîṇâ der [aborigenen] Kirâta [am Himâlaya]« her, die mit nur einer Kalebasse auf ihre unvollkommenen Ahnen zurückweist. Dagegen sind diesmal drei oder vier Drahtsaiten aufgezogen, aber nicht um Zusammenklänge zu ermöglichen, sondern um sie — ein in Indien unerhörter Fall — in gegenseitiger Ergänzung dem Melodiespiel dienstbar zu machen, so wie wir es mit den Saiten unserer Violine tun.

Abb. 63. Stabzither der Khâṇḍâ. 1 : 11.

Ganz andre Rassenelemente machen sich bei der südindischen Stabzither fühlbar. Das *Kinnarî*[2] (sanskr. malay. tamiḻ (auch *kinnaram*); kann. *kinnari*, telugu *kinnâra*), das noch heute namentlich vom Landvolk in Süd-Kannâra und Mysore gespielt wird, fällt nicht sowohl durch die größere Zahl seiner Kalebassen — drei oder vier —, als durch die ganz merkwürdige Anordnung des Bezuges auf. Die zwei oder vier Drahtsaiten laufen nämlich nicht wie sonst immer nebeneinander, sondern übereinander, und um das möglich zu machen, steht auf dem Bambusstab ein hoher, ausgezahnter Steg; in den Kerben ruhen die Saiten [Abb. 64]. Im heutigen Indien stellt diese Disposition eine Ausnahme dar: die Dâyak auf Borneo verwenden sie bei ihrer altertümlichen, an ein Telegraphengestänge erinnernden Harfenzither (*ṅkratoṅ*)[3]; bei den Harfenlauten und mehrsaitigen

[1] V.-Ch. Mahillon, Catalogue descriptif & analytique du Musée instrumental du Conservatoire royal de Musique de Bruxelles, 2e ed., Gand 1893, I 150. — Schrank 18.

[2] C. R. Day, The Music and Musical Instruments of Southern India and the Deccan, London 1891, pl. 9.

[3] Ling Roth, The Natives of Sarawak and British North Borneo, p. 261.

Bogenzithern von Westafrika sind sie häufig. Die Einstellung in einen größeren organologischen Zusammenhang darf heut noch nicht gewagt werden; das Instrument steht vorläufig isoliert da. Einstweilen mag sich die vergleichende Sprachwissenschaft mit ihm auseinandersetzen. Denn es genügt nicht, nach dem Beispiel der gelehrten Hindû zur Erklärung des Namens *kinnarî* die gleichnamigen Fabelwesen der indischen Mythologie heranzuziehen. Vor allem muß einmal die keinesfalls akzidentelle Ähnlichkeit mit der semitischen Sippe arabisch *kinnâre* und *kannâre* (plur. *kanânir*) und hebräisch *kinnor* sowie griechisch *kinýra* untersucht werden. Bisher scheint das indische Wort niemals Eingang in die Bibelforschung gefunden zu haben. Vielleicht würde die sog. Harfe König Davids, deren Natur

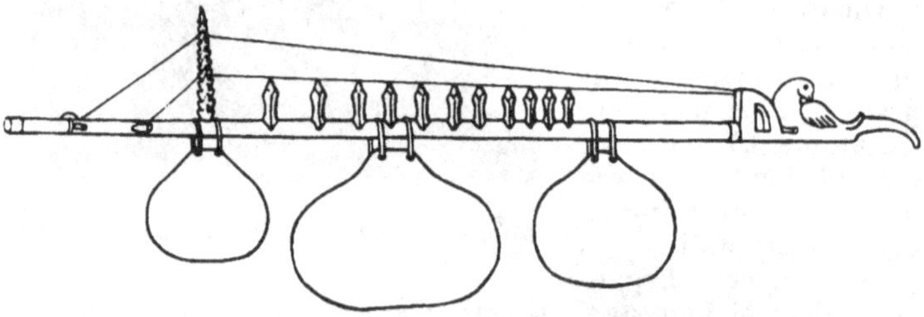

Abb. 64. Südindische Stabzither (*kinnarî*).
Nach Day, Music and Musical Instruments.

wir immer noch nicht recht kennen, sich ebenso wie manche andere Realien der Heiligen Schrift als ein Derivat altamilischer Kultur herausstellen. Die unter dem Namen *kinnarî vîṇâ* in Nordindien bekannte Vîṇâ hat mit den Stabzithern nichts zu tun und wird später unter den Lauten besprochen werden.

Der Gipfelpunkt der ganzen Entwicklung, das Ergebnis all der Versuche, die alte Stabzither den wachsenden Anforderungen eines immer reicher erblühenden musikalischen Lebens dienstbar zu machen, ist die *Mahatî vîṇâ* [1], die »große Vîṇâ«, die in Nordindien *vîṇâ* schlechthin genannt wird [Abb. 65].

Das Sanskritwort *vîṇâ* mit seinen Ableitungen (pâlî *vîṇâ*, beng. *bîṇâ*, hindî hindûst. pañj. marâṭhî *bîn*, mârvâṛî *bînâ*, malayâḷam *vîṇa*, telugu *vîṇa*, tamiḻ *vîṇei*, kannaṛesisch *vîṇĕ*) ist zum allgemeinen Ausdruck für Saiteninstrumente geworden, gleichviel ob sie zu den Zithern oder zu den Lauten rechnen, in ähnlicher Weise, wie etwa im Deutschen das einst

[1] Schrank 18, 19.

eng begrenzte Wort *geige* eine über das ganze Reich der Saiteninstrumente ausgedehnte Begriffserweiterung erfahren hat; wie der Deutsche von *Kniegeige* (Viola da gamba), *Nonnengeige* (Trumscheit), *Großer* und *Kleiner Zupfgeige* (bair. = Harfe und Guitarre) und *Nagelgeige* (Eisenstabspiel) sprach und spricht, so der Inder von *âlâpinî vînâ, bhârata-vînâ, śaradîyâ vînâ* und Dutzenden derartiger Zusammensetzungen. Aber selbst in seiner engsten Fassung ist der Begriff *vînâ* zweideutig, je nachdem der Norden oder der Süden des Landes den Namen stellt; daher denn in der Literatur das Wort meist mißverständlich angewendet wird.

Abb. 65. Nordindische Stabzither (*mahatî vînâ*). 1 : 11.

Die nordindische Vînâ, von vielen Schriftstellern der Unterscheidung wegen mit dem hindûstanischen Namen *bîn*, von uns mit dem wissenschaftlichen *mahati vînâ* bezeichnet, ist der wichtigere Typus der beiden. Sie wird in der Regel als »eine Art Guitarre« angeführt, hat indessen mit dieser Familie nichts zu tun und muß organologisch zu den Stabzithern gezählt werden, weil auch sie deren charakteristische Merkmale hat, den Stab als Saitenträger und Kalebassen als Resonatoren.

Wenn wir die Große Vîṇâ als den Gipfel der Stabzitherentwicklung bezeichneten, so geschah es, weil die Summe ihrer musikalischen Eigenschaften von keiner andern Stabzither erreicht und — können wir hinzufügen — von keinem außereuropäischen Saiteninstrument übertroffen wird. Die vier oder fünf Drahtsaiten oben auf dem Stab geben die Melodie nebst gelegentlichen Begleitakkorden mit zarter, klarer Stimme; zwei oder drei dünne Stahlsaiten an den Flanken setzen mit ihren silbrig-feinen, unveränderlichen Tönen in der Höhe Glanzlichter auf, und dieses ganze Klingen und Klingeln erhält durch die beiden großen Resonanzkürbisse Charakter und Fülle. Die Melodieführung selbst genießt eine außerordentliche Freiheit. Die etwa zwanzig oder mehr Bundstege, die sich auf dem Stabe wie die Dornfortsätze einer Wirbelsäule ausmachen, gestatten, der melodischen Linie die weitesten Grenzen zu geben; ihre bequeme Befestigung mit Darmsaiten erlaubt dem Spieler, in kürzester Zeit ihre Stellung zu wechseln, wenn ein neues Stück neue Intervalle braucht, und ihre Höhe, zugleich mit der Feinheit der Saiten, setzt ihn instand, willkürlich ihren Zwang zu brechen und zum Ausdruck besonderer Affekte jene irrationalen Tonhöheveränderungen vorzunehmen, deren die orientalische Musik nicht entraten mag.

Es leuchtet ein, daß ein solches Instrument nicht leicht zu spielen ist. Der Spieler muß am Boden kauern, die den Wirbeln nahe Kalebasse auf die linke Schulter und die andre unter den rechten Arm nehmen, so daß der Stab quer vor der Brust mit den Saiten nach außen ruht. Die linke Hand soll mit Zeige- und Mittelfinger die Saiten auf die Bünde drücken und mit dem kleinen Finger nach Bedarf die linke Bordunsaite anreißen; Zeige- und Mittelfinger der rechten Hand, mit dem Stahldrahtplektrum *mizrâb* bewaffnet, haben die Hauptsaiten zu zupfen, Kleinfinger und Daumen der gleichen Hand die übrigen Bordune. Die Vîṇâ ist dieser komplizierten Technik wegen ausschließlich Soloinstrument der höchststehenden Musiker. Schon im alten Hindûpantheon nimmt sie eine privilegierte Stellung ein: Brahmâs Sohn Nârada selbst, der Gott der Musik, hat sie erfunden und spielt auf ihr den Himmlischen vor[1].

[1] Vgl. W. Jones, Über die Musik der Indier, Erfurt 1802. —

Näheres über Stimmung usw. findet sich in den Beilagen am Ende des Buchs.

Von den Varianten der Mahatî vîṇâ hat das Museum zwei: den *Tamburâ* von Bombay [1] und die bengalische *Rañjanî vîṇâ* [2] (spr. randschani). Der Tamburâ ist im wesentlichen mit dem Urbild identisch, aber bedeutend roher gearbeitet. Von seinem der Marâṭhî-Sprache angehörenden Namen wird später die Rede sein.

Der bengalische Name der andern Variante ist der indischen Musiktheorie entnommen und bedeutet die sechste Vierteltonstufe der Skala. Kennzeichnender ist jedenfalls ihr Hindûstânîname *bîn-sitâr*. In der Tat ist sie eine Verschmelzung dieser beiden Instrumente; von der Bîn hat sie den Bau, von dem später zu behandelnden Sitâr die sieben Drahtsaiten und die sechzehn Messingbünde. An dem Berliner Exemplar interessiert am meisten die sonderbare Form des Saitenträgers. Statt eines Stabes bildet er eine Rinne, so daß die Bünde nicht aufliegen, sondern als Brücken frei über das Tal laufen. Bei einer modernen Laute, dem Survâhâra, kehrt diese Form wieder.

Die wichtigste Variante ist im Museum leider nicht vertreten; es ist die südindische Vîṇâ, die bis Bombay hinauf die ältere hindûstânische Bîn völlig verdrängt hat [Abb. 66]. Aus der Stabzither ist bis zu einem gewissen Grade eine Laute geworden. Der hohle Saitenträger, der Bezug aus vier Haupt- und drei Nebensaiten und die obere, den dickköpfigen Wirbeln nahe Kalebasse sind beibehalten, wenn auch dieser Stab plankonvex geworden ist, alle Nebensaiten rechts von den Hauptsaiten liegen und die Kalebasse an Größe zurücktritt. Dagegen hat die untere Kalebasse einem tief gewölbten oft reich geschnitzten Lautenkörper Platz machen müssen, die Pergamentdecke ist durch eine dünne Holzplatte ersetzt und die Saiten sind über einen Steg geführt. Für die Klangqualität wird in sehr origineller Weise gesorgt. Der Steg erhält zwei Auflagen aus Metall, eine aus gewöhnlichem für die vier unteren Saiten und eine aus poliertem Stahl oder Glockenmetall für die oberste; in der Stellung, in der die Saiten den klarsten Ton hergeben, werden diese Auflagen mit Zement befestigt. Die Spieler legen auf diese Vorrichtung großes Gewicht, und tatsächlich wird auf der Vîṇâ ein wundervoller, weicher und nuancenreicher Klang erzielt.

F. Fowke, On the Vina or Indian Lyre, Asiatic Researches vol. I, abgedruckt in S. M. Tagore, Hindu Music, Calcutta 1882, p. 193. — Day l. c. p. 109, pl. I.

[1] Schrank 20.

[2] Schrank 18.

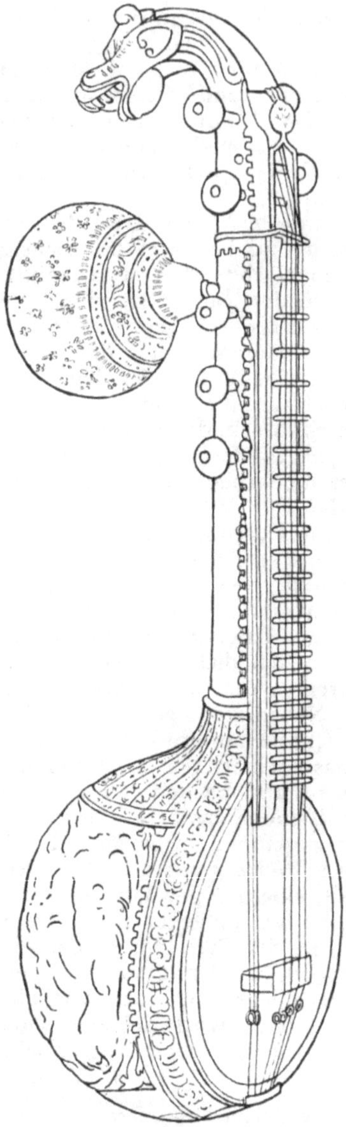

Abb. 66. Südindische Viṇâ.
Nach Day, Music and Musical Instruments.

Auch der Bezug und die Bünde werden mit großer Sorgfalt behandelt. Der Stahldraht kommt aus Channapatna [1] oder Bareilly; dort gibt es eine Spezialindustrie in den Händen einer besonderen Kaste mit geheimem Verfahren, die ihn für den hohen Preis von sechs Rupien (acht Mark) für das Kilogramm (*sîr*) verkauft. Die Bünde (tamiḻ telugu *meṭṭu*) setzt der Spieler am liebsten selbst mit kleinen Nägeln auf und sichert sie mit einem harzigen Zement.

Für das Spiel kommen drei verschiedene Stellungen in Frage. Der Spieler sitzt stets mit gekreuzten Beinen auf dem Boden; die kleine Kalebasse ruht auf dem linken Schenkel und das Korpus halb auf dem rechten, halb auf dem Boden, oder das rechte Knie wird hochgezogen, so daß der Schallkörper am Boden liegt und nur gegen das Bein gelehnt ist, oder endlich das ganze Instrument wird aufrecht im Schoß gehalten.

Die Spieltechnik ist sehr eigenartig: die Hauptsaiten werden mit den langgewachsenen Nägeln von Zeige- und Mittelfinger abwärts, d. h. nach der rechten Instrumentenseite hin angerissen, die Nebensaiten dagegen mit denen des vierten und des fünften Fingers in der entgegengesetzten

[1] The Imperial Gazetteer of India XVIII 220, Oxf. 1908.

Richtung. Das gleichzeitige Greifen einer Haupt- und einer Nebensaite ist der Ausgangspunkt des Studiums und schwierig genug zu lernen; das Repetieren auf der gleichen Saite mit Fingerwechsel ist die zweite Etappe; endlich lernt der Schüler die dritte Spielart, das Stakkato, bei dem der Mittelfinger die vom Zeigefinger angerissene Saite rasch abdämpft. Obgleich die Bünde einem präziseren Einhalten der Tonleiterstufen entgegenkommen, werden die Freiheiten, die der bundfreie Hals gewährte, beibehalten; die linke Hand drückt zwar die Saiten gegen die feststehenden Bünde, zieht sie aber oft gleichzeitig nach der Seite hin aus und gewinnt hierdurch wie durch andre Praktiken all die »Bebungen«, Glissandi usw. der bundfreien Lauten.

Entwicklungsgeschichtlich gehört diese südindische Vîṇâ sicher in die neuere Zeit, nicht nur des hohen Standes ihrer instrumententechnischen und kunstgewerblichen Durchbildung wegen, sondern weil sie eine Verschmelzung mindestens zweier heterogener Instrumentengattungen darstellt. Als Basis ist die noch in Nordindien erhaltene Mahatî vîṇâ, die große Stabzither, anzusehen; dagegen ist der untere Resonator nach dem Vorbild der Laute organisch mit dem Saitenträger verbunden worden, so daß das Instrument tatsächlich aus der Familie der Zithern ausgeschieden und der der Lauten beigetreten ist.

Röhrenzithern nennen wir Zithern, bei denen eine Röhre oder ein Röhrensegment zugleich Saitenträger und Resonator ist. Auch die Stabzither ist oft aus einer Röhre gebaut; bei ihr aber ist der Hohlraum im wesentlichen belanglos, zufällig; die Röhrenzither nutzt ihn bewußt aus. Die einfachste Form einer solchen Röhrenzither ist ein Bambusinternodium, d. h. ein durch zwei Wachstumsknoten begrenztes Stück eines Bambusstammes, aus dessen Schale ein schmales, längslaufendes Band losgelöst und nahe seinen noch haftenden Enden durch untergeschobene Hölzchen gehoben und gespannt wird, so daß das Ganze ein Saiteninstrument bildet [Abb. 67]. Hier ist ein anderer Erzvater der Saiteninstrumente; an Alter und Nachkommenschaft steht er dem Musikbogen sicher nicht nach.

Die Familie der idiochorden, d. h. mit solchen stammeigenen Saiten versehenen Röhrenzithern kommt außerhalb Indiens namentlich in Madagaskar und Westafrika vor; Rückbildungen zu Kinderinstrumenten, wie sie u. a. in Ostturkistân und sogar auf der Balkanhalbinsel begegnen, erweisen ihre einst universale Verbreitung. Vorderindien beherbergt sie heute nicht mehr; daß es früher der Fall war, läßt sich aus der Existenz der aborigenen Floßzither entnehmen, von der später die Rede sein wird. Die westliche Grenze innerhalb der indischen Welt läuft heute durch den Distrikt von Chittagong in Ostbengalen. Die dort ansässigen Lušai haben eine besondere Geschicklichkeit in der Herstellung dieser Tonwerkzeuge; in wenigen Minuten ist ein geeignetes Bambusstück geschnitten, ein schmaler Streif mit dem Messer abgelöst und ein paar Hölzchen untergeschoben; ein anderes Bambussegment, von dem wohl auch eine Saite abgetrennt ist, muß als Streichbogen herhalten[1]. Das ist sehr ungewöhnlich; soweit wir sehen, werden sonst nur in Zentralamerika und auf der Balkanhalbinsel Röhrenzithern gestrichen. Da das Vergleichsmaterial also äußerst spärlich ist, müssen die Fragen, ob der Bogen später hinzugefügt worden, und ob das ganze Instrument autochthon ist, offenbleiben.

Abb. 67. Idiochorde Röhrenzither des malaiischen Archipels. 1:11.

Die eigentliche Heimat der echten, größeren Röhrenzither sind jetzt das südliche Hinterindien, Kamboǰa und Malâka, und der malaiische Archipel. Trotz der Einförmigkeit des Typus lassen sich gewisse Gruppen zusammenstellen, deren Merkmale wiederum die Identifizierung unbezeichneter Stücke zu erleichtern vermögen. Das Grundgesetz ist, daß die Saitenzahl im Archipel nach Osten hin zunimmt. Ein und zwei Saiten kommen nur auf Sumâtra und seinen Trabanteninseln vor (batak. *gettuṅ-gettuṅ*, Nord-Sumâtra *gendaṅ-gendaṅ*[2], Nias *gonra*[3]); weiter nach Osten hin wächst ihre Zahl ständig, bis sie auf der Insel Êtar [Wetter] (*agîht*) zehn erreicht. Charakteristisch heben sich diejenigen heraus, deren Saiten so eng nebeneinander liegen, wie es ohne Gefährdung des Spiels denkbar ist. Diese Gruppe umfaßt die Anlieger der Bandasee nebst Tîmor (Buru *tagbuan*, *tabuan*, Barique a. Tîmor *lakado*, Laga a. Tîmor *be-orla*, Êtar *agîht*). Nur im Osten finden sich Stücke, die statt Löchern in den Nodien oder in der Wand die ganze den Saiten abgewandte Wandfläche von oben bis unten aufgeschlitzt tragen; wenn bei den philippinischen Exemplaren (*togo*) dieser Schlitz noch eine bescheidene Breite hat, so haben die von Êtar fast die ganze Wandhälfte zwischen den Endknoten verloren. Hier

[1] J. Shakespear, The Lushei Kuki Clans, London 1912, p. 28.
[2] Heintze in Volz, Nord-Sumatra I 374.
[3] Exemplar im Rijks Ethnograph. Museum zu Leiden Nr. 1002/101.

schließen dann in der Entwicklung die nachher zu besprechenden Halbröhrenzithern an. Ebenfalls für den Osten bezeichnend sind die Wandüberstände jenseits der Nodien; wir haben sie westlich von Flores nicht beobachtet. Auf den Philippinen werden diese Überstände gelegentlich kreneliert, d. h. zinnenartig ausgeschnitten.

Von dieser ganzen Synopsis ist Borneo ausgenommen. Hier kommen dreisaitige Röhrenzithern vor (*ton-ton*)[1], bei den Dusun fünfsaitige (*tañkuñañ*)[2] und bei den Loñ kiput sechssaitige (*pagañ, kantom*), zum Teil mit, zum Teil ohne Wandüberstände jenseits der Nodien. Hier ist die Brücke zwischen dem östlichen Archipel und Hinterindien; die borneotischen Röhrenzithern vermitteln zwischen denen der Philippinen und den sechs- bis achtsaitigen der Moï Kao in Kamboja (*diñlye*).

Ein Seitenweg führt zu einem merkwürdigen Verschmelzungsprodukt, das ich der Einfachheit halber Trommelzither nennen möchte. Man klemmt zwischen zwei ein Wandloch einrahmende Saiten ein ausgefrästes Holzplättchen derart ein, daß es das Loch überdeckt, ohne freilich die Wand berühren zu dürfen; abwechselnd werden der freie Teil der Saiten und die Holzplatte geschlagen. Der Typus konnte bisher belegt werden auf Borneo (dayak. *gandañ bavoi*, »Schweinetrommel«), auf Halmahêra, als Kinderspielzeug (*tattabua*), Sûla-Bêsi (*tuban iotta*), Philippinen (*agoñ*), Nias (*krumba*), also im ganzen Archipel. Das Bedürfnis, Saitenklänge rhythmisch mit Schlägen auf das Holz zu begleiten, ist ja allgemein, und daß der Instrumentenkörper beim Spiel mit der Hand geklopft wird, erleben wir fast auf der ganzen Welt bis herüber nach Spanien; für die indonesische Röhrenzither im besonderen haben wir den Beleg auf den Molukken; Martin erzählt einmal, beim Vortrag auf dem fünfsaitigen *Tatabuan kavan* schlage die Linke die Saiten, während die Rechte auf der Kopfseite des Instruments trommle[3].

Von dieser idiochorden Röhrenzither geht es nach zwei Richtungen hin weiter, einmal nach der eben schon berührten Halbröhrenzither hin, dann nach der heterochorden Röhrenzither, derjenigen also, welche die stammeigenen, leicht aus- und abreißenden Seiten durch stammfremde, aufgezogene ersetzt.

Es lassen sich unter den heterochorden drei Stufen unterscheiden. Auf der ersten wird die Saite zwar aufgezogen, aber vom gleichen Material, Bambus, genommen. Bei der

---

[1] Exemplare im Museum zu Sarawak Nr. 1295, 1296.
[2] Exemplar ebenda Nr. 775.
[3] Martin, Reisen in den Molukken p. 354; Abb. Taf. 29, Fig. 18.

Röhrenzither der Nikobaren (*danân*) z. B. ist eine solche Bambussaite auf die Endzapfen des Instruments geschnürt; man hat sie aus einem Bambusspahn derart herausgeschnitzt, daß die Extremitäten noch vollholzig sind [1]. Die zweite Stufe zeichnet sich durch größere Praktikabilität und Eleganz aus; sie behält zwar Rohr als Saitenmaterial bei, nimmt es aber nicht vom Bambus, sondern vom Rôtaṅ. Nur die Halbinsel Malâka kennt sie. Die Oberenden der zwei oder drei Saiten werden sorgfältig um den Instrumentenkörper geschlungen, volutenartig eingerollt und verknotet; die Unterenden werden bei den Ôraṅ Sĕmaṅ (*tî*) gleichfalls um das Korpus geschnürt, bei den Ôraṅ Tumîor (*kĕrantiṅ*) in Einschnitten festgelegt und verknotet oder durch ein Loch gemeinsam ins Innere geführt und hier verknotet, in Sumaṅ (*haiau*) einzeln durch Löcher ins Innere gezogen. Die geschmackvolle Anordnung der Saiten stellt diese Gruppe kunsthandwerklich an die Spitze der Röhrenzithern.

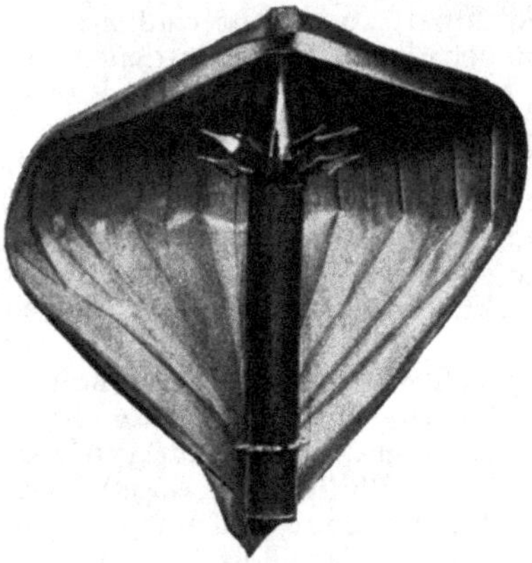

Abb. 68. Resonator-Röhrenzither. 1 : 11.

Im Archipel wird überall, wo man die stammeigene Saite zu ersetzen wünscht, unmittelbar zu dünnem Draht übergegangen. Am radikalsten ist hier wieder der Südosten vorangeschritten, den wir schon früher als Hauptstätte der Röhrenzitherentwicklung kennen gelernt haben. Tîmor mit Einschluß seiner nächsten Nachbarinseln hat einen ganz eigenen Typus ausgebildet. Die Saiten werden auf 10, ja selbst auf 20 vermehrt; jede hat am Oberende ihren pfeilspitzenförmigen Wirbel, läuft über einen zahnartigen Steg und wird unten im Innern verknotet; die ganze Zither ist in den Durchmesser einer halbkugeligen Resonanzschale eingepaßt, die ein geschickt zusammengefaltetes Palmyra-Palmblatt (*Borassus flabelliformis*) hergegeben hat [Abb. 68]. Die besonders hochstehenden Zwanzigsaiter werden poliert und am Oberende mit einer flaschenartigen Holzbekleidung

[1] Schrank 48.

versehen, wie sie auch auf Malâka (*kĕrantiṅ*) — aus grünglasiertem Ton — vorkommt [1].

Diese Resonator-Röhrenzither muß als ein abseits liegendes Kuriosum angesehen werden. Die eigentliche Entwicklungsstraße hat schon vorher abgezweigt. Den Gablungspunkt scheint mir das oben schon erwähnte Danâṅ der Nikobaresen zu bezeichnen. Neben der Fremdsaitigkeit zeigt es zwei ganz neue Gedanken; einmal die einseitige Orientierung durch die beiden angeschnitzten Zapfen für die Saitenenden, im Gegensatz zu der überwiegend peripherischen Orientierung der anderen Röhrenzithern, und dann die willkürliche Verkürzung der Saite zum Zwecke der Tonhöhenveränderung, die hier durch Anbringung dreier Blechmarken geboten und die bei den Verwandten nicht vorgenommen wird. Solche Intervallanzeichnungen — aus Holz oder Mark — kommen schon bei den Sakai von Kinta und Bataṅ Padaṅ auf Malâka vor [2].

Hinterindien verfolgt diese neuen Gedanken weiter. Das Museum besitzt eine altertümliche Zither aus Birma [3], deren Zusammenhang mit dem Danâṅ schon der bloße Augenschein lehrt. Die Röhre ist aber aus der Aushöhlung eines Holzblocks gewonnen und die Besaitung, von der sich nur spärliche Drâhtreste erhalten haben, an seitenständige Wirbel gehängt; die Zither liegt vor dem Spieler, so daß die Vorderseite mit dem Bezug nach oben kommt. Damit das möglich ist, mußte die streng runde Form der alten Bambuszither aufgegeben werden; die Wände sind leicht abgeflacht und der vierkantigen Form angenähert, und unter die offene Rückseite sind Füßchen gesetzt. Neuere Exemplare ähneln in der Verfolgung dieser Formgrundsätze mehr oder weniger einem Krokodil, so daß das Instrument den Namen *mi gyauṅ*, »Alligator«, erhalten hat [Abb. 69]. Ob die Form den Anstoß zu dieser Taufe gegeben hat oder ob umgekehrt die festwurzelnde Tiersymbolik

Abb. 69. Altbirmanische Krokodilzither (*mi gyauṅ*). 1 : 11.

[1] Schrank 82.

[2] Vgl. Skeat & Blagden, Pagan Races of the Malay Peninsula, London 1906, II 134.

[3] Schrank 43.

der Asiaten die Formgebung beeinflußt hat, muß vorläufig dahingestellt bleiben.

Auch diese reifen Krokodilzithern[1] — in Birma, Siam (*čakhè* [spr. tschak-he]) und Kamboja (*takhè*) — haben das Schicksal, von den europäischen Beobachtern mit einer Fülle der verschiedensten unpassenden Bezeichnungen versehen zu werden. Am häufigsten figurieren sie als Guitarren, und man muß zugeben, daß tatsächlich die Art, wie der feinpolierte Tiekholzkörper[2] im größeren Teil seiner Länge halsartig schlank, im andern rumpfartig ausgebuchtet ist, wie zwischen Decke und Boden durch gerade Seitenwände vermittelt wird und wie die monumentalen Elfenbeinwirbel seitlich in einem richtigen Wirbelkasten stecken, an den Bau unserer Guitarre anklingt [Abb. 4]. Das sind aber ganz äußerliche Ähnlichkeiten, die das Wesen der Sache nicht treffen. Die Guitarre ist ein hohler Schallkörper mit angeschnitztem Hals, die Krokodilzither dagegen ein einheitlich ausgehöhlter Klotz, der eben mit der Lautenfamilie nichts zu tun hat und eine Weiterbildung, einen Gipfelpunkt der Röhrenzither darstellt.

Die Krokodilzither bedeutet demnach für die Röhrenzither das, was die Vîṇâ für die Stabzither ist. Und weiter: die Krokodilzither nimmt in Hinterindien in gewissem Sinn die Stellung ein, die der Vîṇâ in Vorderindien zukommt. Die Länge ihrer drei Saiten und der geräumige, durch kleine Füßchen gegen den Boden isolierte Schallkörper geben den Tönen einen besonderen Wohlklang, eine bei aller Zartheit große Fülle und Wärme. Elf Bundstege, die allen drei Saiten gleichmäßig zugute kommen, ermöglichen einen sehr bedeutenden Melodieumfang. Und dennoch fehlt dem Instrument der Nimbus des mythischen Alters, und es geht ihm die schwierige, jede Profanierung ausschließende Spielart der andern ab. Der komplizierten Haltung und Handhabung der Vîṇâ gegenüber ist die Krokodilzither kein schweres Instrument. Sie liegt ruhig auf dem Boden vor dem kauernden Spieler; die linke Hand drückt die Saiten nieder wie die Tasten eines Klaviers, und die rechte bringt sie mit einem Elfenbein- oder Holzstäbchen zum Tönen. Es scheint übrigens, als ob die Spielart in den verschiedenen Ländern voneinander abwiche: die Siamesen fahren mit dem Stäbchen rasch über die Saiten hin und her[3], wie es unsere Mandolinisten tun; die Kambojaner — nach Knosp — schlagen sie[4].

[1] Schrank 55.

[2] J. Nisbet, Burma under British Rule — and before, Westminster 1901, II 304.

[3] Notes on Siamese Musical Instruments, London 1885, p. 16.

[4] Eine sehr ausführliche Beschreibung mit Schnittskizzen bei

Die Krokodilzither ist also nicht in dem Maße ein besonderes Instrument, wie die Vîṇâ. Daher wird sie nicht nur solistisch benutzt; in Kamboǰa ist die Zusammenstellung mit einem Geigeninstrument (*tro-u*) und dem chinesischen Yañ k'in, der trapezförmigen Zither, sehr beliebt; auch in den großen Orchestern Birmas, Siams und Kamboǰas darf sie als tiefstes Saiteninstrument nicht fehlen.

Einer anderen Abzweigung begegneten wir bereits, als von den hinten geschlitzten Röhrenzithern des östlichen Archipels die Rede war. Wir bemerkten, daß auf Êtar die ganze Wandhälfte zwischen den Wachstumsknoten abgetragen wird, und deuteten die dort einsetzende Abzweigung der Halbröhrenzithern an. In der Tat bedarf es nur der Durchführung des Schnittes durch die Nodien hindurch, um zu den Zithern von Flores (*santo*) zu kommen, die aus einem halbierten Bambusinternodium mit geringen Wandüberständen und sieben oder acht mit einem Hölzchen zu schlagenden stammeigenen Saiten bestehen [1]. Diese Abart ist heute äußerst selten, muß aber einst eine größere Verbreitung gehabt haben, da eine bedeutungsvolle Gruppe reiferer Instrumente ohne Zweifel in ihnen ihre Stammutter zu verehren hat.

Es ist die Gruppe, die in China *k'in*, in Japan *koto* genannt wird und die dem Ostasiaten die vornehmsten Instrumente stellt. Auf indischem Boden kommt diese vervollkommnete Halbröhrenzither nur in einer einzigen Form vor, der des annamitischen *Cai dön trañ* oder *Cai dan thap luc*: die Hälfte eines langen, liegenden Kegelstumpfs auf zwei Füßchen und 16 Messingsaiten in der Längsrichtung [2]. Gleich den Chinesen nennen die Annamiten

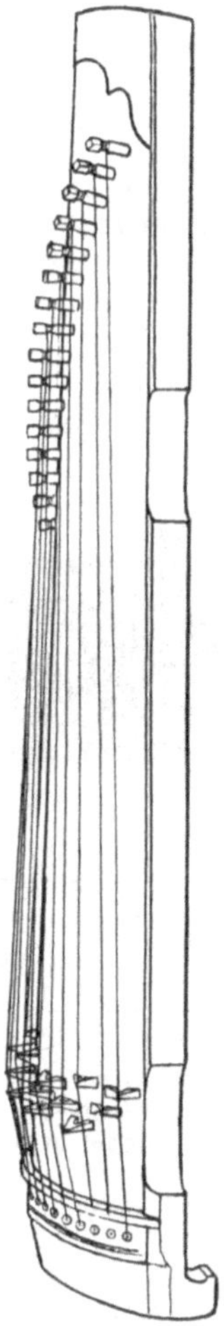

Abb. 70. Annamitische Zither (*dön trañ*), 1 : 8.

G. Knosp, Rapport sur une Mission officielle d'Etude musicale en Indochine, Leyde (1911), p. 106 ff.

[1] Schrank 82.

[2] Schrank 57.

als Einführer oder Erfinder den chinesischen Kaiser Fu-hi, dessen Regierungszeit in die Jahre 2852—2737 v. Chr. fällt. Mit dem Instrument selbst und mit dieser Überlieferung haben sie vom Reich der Mitte auch die andere Tradition übernommen, wonach diese Zither das Weltall symbolisiert: der flache Boden ist die Erde, der gewölbte Saitenträger das Himmelszelt; die Länge von 3 thuc, 6 tac und 1 phan entspricht den 361 himmlischen Gängen, die größte Breite von 8 tac spiegelt die acht Halbtrimester des Jahres und die kleinste Breite von 4 tac die vier Jahreszeiten usw. [Abb. 70].

Mit seinen beweglichen Einzelstegen und seinen 16 Saiten fällt das Dön trañ unmittelbar mit demjenigen Glied der chinesischen K'in-Familie zusammen, das als *Čêṅ* bezeichnet wird. Und gerade vom Čêṅ sagt eine alte chinesische Quelle [1], daß es einst aus Bambus hergestellt worden sei; ein Stützpunkt mehr für unsere Anschauung, daß die K'in-, Koto- und Dön trañ-Sippe von der noch im Archipel in ursprünglicher Form erhaltenen Halbröhrenzither abstammt.

Wir sahen die Röhrenzither sich zur Kunstform der hinterindischen Krokodilzither auswachsen, wir lernten in ihr die Ahne der ostasiatischen K'in-Familie kennen; sie wird sich nun noch als die Urform einer dritten Zithernfamilie zeigen. Wie man vor der Erfindung der Grifflöcher einzelne, nur eines einzigen Tones fähige Pfeifen zusammenband und so in der Gestalt der Panpfeife ein melodiefähiges Instrument erhielt, hat man in entsprechender Weise eine Anzahl einsaitiger, idiochorder Röhrenzithern floßartig nebeneinandergebunden, um Melodien spielen zu können, was ja bei dünnen, der Ablösung mehrerer Saiten nicht fähigen Einzelrohren unmöglich wäre. Diesen urwüchsigen Typus der Floßzither haben die Khåṇḍå und die Magh (Chittagong-Distrikt) in schöner, sorgfältiger Ausführung erhalten [2]. 30—40 und mehr schlanke Rohrabschnitte sind mit peinlicher Sauberkeit unter Vermittlung von Querstützen nebeneinandergebunden; von

Abb. 71. Floßzither der Khåṇḍå. 1 : 11.

---

[1] Shuo Wên; vgl. Moule in North-China Branch R. A. S. XXXIX 111.

[2] Schrank 11. — E. Riebeck, Die Hügelstämme von Chittagong, Berlin 1885, neben Taf. 15.

ihnen sind vorn wie hinten Saiten abgetrennt, so daß auf beiden Seiten ein vollständiger Bezug mit je zwei durchgehenden Steghölzchen entsteht; der hintere dient freilich nur als Gegenhalt, um einem Verbiegen nach vorn zu begegnen [Abb. 71].

Floßzithern sind heute recht selten geworden. Ihr Hauptgebiet ist das westliche Afrika zwischen Benuë und Kongo. Aber es ist kein Zweifel, daß es sich hier nur um den spärlichen Rest eines umfangreichen Länderbesitzes handelt; Depravationen zu Kinderspielsachen, wie sie z. B. die Turfanexpeditionen aus Ostturkistân mitgebracht haben, aus zwei Sorghumhalmen, und wie sie auch an andern Orten gelegentlich auftauchen, führen eine beredte Sprache.

Die Entwicklung dieses Röhrenzitherkomplexes läuft derjenigen der Einzelzithern parallel. Zunächst werden die stammeigenen Saiten durch stammfremde ersetzt; Belege liefert Ostafrika zwischen dem Victoria Nyansa-See und dem Royuma-Fluß [1]. Dann wird das Rohrhalmfloß durch ein festes Holzbrett ersetzt und damit die Brettzither geschaffen.

Den Übergang von der Floß- zur Brettzither illustriert am deutlichsten ein kleines Stück von Südost-Borneo im Leidener Ethnographischen Museum [2]: acht Rohrsaiten, von zwei durchgehenden Bambusstegen gestützt, laufen über ein einfaches Holzbrett.

Die vorderindische Brettzither ist unter mehreren Namen bekannt. Die Sanskritwerke nennen sie nach einem Weisen (*ṛiši*) *kâtyâyana-vîṇâ* oder nach der Größe ihres Bezuges *śatatantrî vîṇâ*, die »Hundertsaitige«; häufig hört man sie als *svaramaṇḍala* oder *surmaṇḍal* (marâṭhî *sârmaṇḍal*, tamiḷ *čuramaṇṭalam*) bezeichnen. Am gebräuchlichsten ist indessen die arabisch-hindûstânische Benennung *qânûn*, populär *kanûn*; aus ihr ergibt sich bereits die eigentliche Heimat des Instruments. Dem arabischen Qânûn gegenüber stellt die indische Kastenzither allerdings nur eine Rückbildung dar. Der flache Holzkasten mit seiner übergreifenden Decke in der Form eines rechtwinkligen Trapezes ist beiden gemeinsam; aber die zwei oder drei Schallöcher mit ihrem feingeschnitzten Maßwerk werden unterdrückt; statt der 75 oder gar 78 Saiten des Vorbildes nimmt man gewöhnlich nur 22, höchstens 36, und da durch diese Beschränkung die Zugkraft erheblich

---

[1] B. Ankermann, Die afrikanischen Musikinstrumente, Diss. Leipzig o. J., p. 29.

[2] Nr. 37/555.

vermindert ist, kann man den besonderen, außerhalb am Kasten befestigten Stimmstock entbehren und die Spannwirbel unmittelbar in die Schrägseite stecken. Immerhin sind die Anschaffungskosten noch hoch genug, und da auch die Technik des ganz auf Verzierungen, Triller und dergleichen gestellten Spiels sehr schwierig ist, kommt das Instrument trotz seines sehr süßen, ein wenig näselnden Tons selten vor, am ehesten noch im Pañĵâb, in der unmittelbaren Nachbarschaft der persischen Länder [1].

Das Brüsseler Instrumentenmuseum besitzt eine kleinere Abart aus Bengalen mit dem Diminutivnamen *kšudrâ kâtyâyana-vîṇâ* [spr. kschúdra katjájana] mit einer flachen Kalebasse als Körper, einer überwiegend kreisförmigen Decke und achtzehn Stahlsaiten [2]. Sie ähnelt in ihrer Form den älteren oberbayrischen Zithern vom Mittenwalder Typus.

Von ganz anderem Schlage ist die Brettzither Javas. Wie so viele andere Instrumente der Gegend nimmt sie äußerlich die Form einer niedrigen Bank mit Lehnen an den Schmalseiten an. Die ältere Form — man kann ein charakteristisches Stück im Leipziger Ethnologischen Museum sehen —, mit der noch die alten Heldenerzählungen begleitet werden, hat nur in der Regel 6—8 Saiten aus Kupfer [3]. Ihr Name *kĕtjápi* kommt von sanskr. *kaččhapa* und ist offenbar auf die Zeit der Hindûherrschaft zurückzuführen. Wir werden noch öfter Entlehnungen des gleichen Worts im Archipel begegnen.

Die größere Form (*tjĕlĕmpuṅ*), ein Instrument des Gamĕlan, hat gewöhnlich 26 Saiten. Es ist nicht zweifelhaft, daß zwischen dieser javanischen Brettzither und der ostasiatischen Halbröhrenzither Beziehungen vorhanden sind. Schon die Art, wie die Saitenstege entsprechend der verschiedenen Saitenlänge eine schräge Linie bilden, erinnert lebhaft an das Cai dön trañ; ebenso die schmale, konvergierende Form und die fünfstufige Stimmung der Salèndroinstrumente. Ein Zwischenglied zwischen Kĕtjapi und Tjĕlĕmpuṅ, bei uns im Museum vertreten [4], bringt dann genau die 16 Saiten des annamitischen Instruments, und zu allem Überfluß bildet Crawfurd in seiner History of the Indian Archipelago [5] ein Tjĕlĕmpuṅ mit gewölbter Fläche und ohne Lehnen ab.

---

[1] Abb. bei Day l. c. pl. VIII.

[2] Brüssel, Musée instrumental Nr. 98.

[3] Encyclopædie van Nederlandsch Indië II 631.

[4] Schrank 74.

[5] Edinburgh 1820. — Nach ihm hat das »Chălempung« 10—15 Saiten (p. 335).

Eine sehr merkwürdige Abart der Brettzither entsteht, wenn die Saiten nicht zwischen horizontalen, sondern zwischen vertikalen Trägern ausgespannt werden, so daß bei Polychorden die Saitenebene senkrecht zum Brett steht. Da diese besondere Stellung unter den Zusammengesetzten Chordophonen das Kennzeichen der Harfe bildet, so wollen wir diese Zithern Harfenzithern nennen.

Wie die Anfänge dieses Typs aussehen, zeigt das sonderbare Spielzeug, das sich malaiische Kinder in der Gegend von Jalor und Rhaman auf Malâka bauen. Sie graben ein topfförmiges Loch in die Erde und bedecken es mit einer Blütenscheide der Arecapalme; zwei weitauseinanderstehende in die Erde gerammte Pflöcke werden durch eine Rohrsaite verbunden; diese, mit ein paar Schlägeln aus Holz oder Rohr geschlagen, überträgt ihre Schwingungen durch einen aufrechten, stabförmigen Steg auf die Blütenscheide [1]. Ähnliche Instrumente kommen in Annam und Tonkin (*troñ quan*) [2] sowie auf Madagaskar vor.

Als eine Weiterentwicklung dieser Erdzithern haben wir die Brettzither der Dâyak auf Borneo (*ñkratoñ*) anzusehen. Das Instrument ist tragbar geworden; für das Erdloch mit der Blütenscheide tritt ein Holzkasten mit geschnitzten Ansätzen ein; darauf stehen wie ein Telegraphengestänge zwei Eckstäbe und zwei gesägte Mittelstöcke, über deren Zähne übereinander vier Saiten laufen [3]. Wir sind diesem auch sonst belegten Sägesteg bereits bei der Kinnarî begegnet.

Zusammengesetzte Chordophone.

Wir hatten uns bisher mit Zithern befaßt, die wir als Einfache Saiteninstrumente ansehen, weil außer dem Bezug ihr einziger wesentlicher Bestandteil der Saitenträger, ein Stab, eine Röhre, ein Brett oder dgl. ist. Wohl tritt in den meisten Fällen ein schallverstärkender Resonanzkörper hinzu; er geht aber mit dem Saitenträger nur eine unorganische Verbindung ein, die jederzeit ohne Zerstörung des Klangapparates lösbar ist. Die zweite Unterklasse der Saiteninstrumente umfaßt dagegen diejenigen Typen, bei denen Saitenträger und Resonanzkörper eine innige, organische Verbindung eingegangen sind, deren Lösung ohne weiteres das Instrument als Tonwerkzeug vernichten würde. Die

[1] Balfour, Report usw. p. 16.
[2] Knosp, l. c., p. 64.
[3] Ling Roth, l. c., p. 261.

Stärke des rein handwerklichen Verbandes ist dabei natürlich gleichgültig. Decke und Schallkasten einer Brettzither mögen beträchtlich solider miteinander verbunden sein als die Resonanzschale und der lässig hindurchgesteckte Stiel einer rohgefügten Laute. Dennoch bleibt jene nach Abtrennung des Kastens eine gebrauchsfertige Zither; diese aber kann nach Wegnahme des Körpers nicht mehr benutzt werden.

Abb. 72. Nordindische Spießlaute (*êkatâra*). 1 : 11.

In der indischen Welt sind die zusammengesetzten Saiteninstrumente fast ausschließlich auf die Laute beschränkt. Wir verstehen unter diesem Namen ein Tonwerkzeug aus Stiel und Resonanzkörper in organischer Verbindung und einem Saitenbezug, dessen Ebene parallel zu der Decke liegt. Je nachdem dieser Stiel durch den Resonanzkörper hindurch gesteckt ist, ihn also aufspießt, oder halsartig angeschnitzt oder angesetzt ist, unterscheiden wir den urwüchsigeren Typus der Spießlaute und den entwickelteren der Halslaute.

Spießlauten einfacher und einfachster Form kommen noch heute in der ganzen indischen Welt vor. Wenn bengalische Bettelmönche zur Begleitung ihrer einförmigen Psalmodie eine Kokosnuß- oder Kürbisschale nehmen, eine Kalotte abschneiden und durch ein Stück Haut ersetzen, wenn sie dann diametral einen Bambusstock durchspießen und eine Roßhaarsaite aufspannen, so geben sie mit diesem »Einsaiter« (*êkatâra*, Umgangssprache *êktâr*, pañjâbî *yaktâra*) ein gutes Bild des primitivsten Verfahrens [Abb. 72]. Freilich, der Wirbel, mit dem sie heute die Saite in die Tonhöhe ihrer Stimme bringen, ist schon nicht mehr ganz naiv. Es ist ein Stadium voraufgegangen, in dem, wie wir es beim *Geso-Geso* von Celébes sehen [1], die Saite oben an den Hals geschnürt wurde.

Schon in sehr ferner Zeit muß bei diesen primitiven Spießlauten der Übergang vom Zupfen zum Streichen der Saite vollzogen worden sein. Die ganze Bogenfrage hat von je im Brennpunkt der Instrumentengeschichte gestanden, und die Forschungen von Jahrzehnten, ja von Jahrhunderten haben eine völlige Gewißheit weder über die Heimat des

[1] Schrank 104.

Streichbogens, noch über die Art seiner Entstehung gebracht. Wie der Bogen entstanden ist, ob durch die Kombination zweier einfacher Saiteninstrumente — man denke an den doppelten Musikbogen der Hô, von dem oben die Rede war — oder durch eine Umbildung des Schrapstöckchens, das geht aus dem indischen Material nicht hervor, und wir haben nicht die Absicht, die Zahl der Spekulationen zu vermehren. Die Frage nach der Heimat aber, die schon von Fétis[1] mit Indien beantwortet worden ist, und die heute — nach einem vorübergehenden Sinken der Wage zugunsten der nordgermanischen Länder — in gleichem Sinn gelöst wird, können auch wir mit Indien beantworten. Da ist z. B. die bengalische *Bêhâlâ* oder *Bêyâlâ* (von *viola*)[2], eine unscheinbare kleine Laute, aus einer roh gebrannten Tonschale mit Hautdecke und Bambusspieß; ein kurzer Rohrbogen mit Roßhaarbezug streicht die beiden Darmsaiten. Angesichts der beispiellosen Zähigkeit indischer Gewohnheiten ist es eine gewichtige Stütze der Bogentheorie, wenn gerade auf indischem Boden Lauten mit den Merkmalen eines nach Jahrtausenden zählenden Alters gestrichen werden.

Noch eins ist seltsam an der Bêhâlâ. Der *Dvitâra*, eine zweisaitige Variante des vorhin genannten Êkatâra, hatte seine Saiten an Wirbel gehängt, die an der Vorderseite des Spießes untereinander angebracht waren. Die beiden Wirbel der Bêhâlâ stehen nicht mehr in einer Reihe, geben den Saiten also eine größere Distanz. Sie sind halb von der Seite eingesteckt, die eine von rechts, die andere von links, so daß sich ihre Achsen rechtwinklig schneiden. Diese Disposition ist nicht isoliert; sie wird von vielen wilden Stämmen Indiens getroffen, z. B. von den Khâṇḍâ im Ghumsârâ-Distrikt und von den Lâoten bei ihren Stabzithern. Auch nach Norden und Westen strahlt sie weithin aus: die Balalaiken der zentralasiatischen, die Tanbure der südslavischen Völker und die einfachen Lauten des afrikanischen Nordens haben die gleiche Kreuzstellung der Wirbel.

Jünger noch sind die eigentlich seitenständigen Wirbel. Sie mögen in Zeiten entstanden sein, in denen man zuerst mehr als zwei Saiten verwendete und einmal den stärkeren Zug nicht einseitig nach vorn wirken lassen durfte, dann aber auch den nötigen Saitenabstand wahren mußte. Natürlich wird die ganze Anlage komplizierter, da die Saiten in der Achsenrichtung über den Stiel laufen müssen und daher nicht von den Stielflanken aus unmittelbar zum Steg gehen

[1] Histoire générale de la Musique, Paris 1869, II.
[2] Schrank 19.

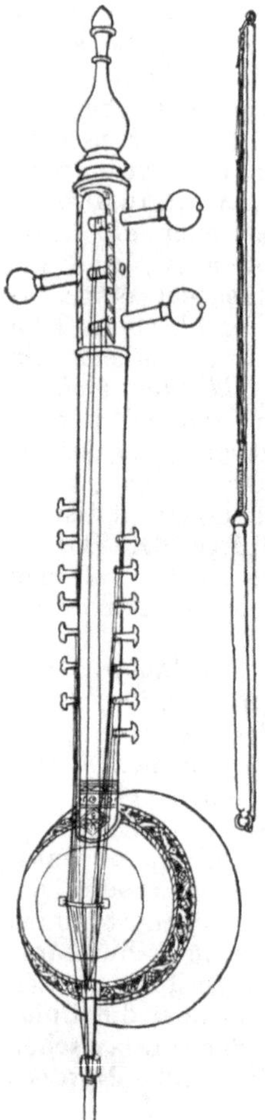

Abb. 73. Kaśmîrische Spießlaute (*sâz*). 1 : 8.

können. Es gibt verschiedene Lösungen. Die gebräuchlichste ist die Herstellung eines sogenannten Wirbelkastens, d. h., wie noch heute bei der europäischen Violine, die Ausstechung des Stiels an der Stelle, wo er von den Wirbeln durchbohrt wird; die Saiten sind dann nicht draußen, sondern innerhalb des Stiels um die Wirbel gerollt.

Das südöstliche Celébes und die Molukken haben sich eine andre Lösung vorbehalten. Von der Spießflanke, vom Wirbeleintritt aus wird schräg durch den Spieß nach vorn hin ein enger Kanal gebohrt und durch ihn der seitlich aufgerollte Draht in die Mitte geleitet.

Die große Mehrzahl aller indischen Spießlauten dürfte westasiatisches Gut sein. Auszunehmen wären nur die aus China stammenden Typen des östlichen Hinterindiens, das zweisaitige Kokosnuß-*Tro-u* der Kamboǰaner und das dreisaitige, schlangenhautgedeckte *Cai tam* der Annamiten, das dem chinesischen San-hsien entspricht. Vor allem hat die persische Kemânǰeh a'ǰûz einen bedeutenden Einfluß bis hinüber in den östlichen Archipel gewonnen.

Der Einfluß ist am stärksten natürlich im nordwestlichen Vorderindien, in der unmittelbaren Nachbarschaft der persischen Länder. Eine Streichlaute (*sâz*, eigentlich »machen, Vorrichtung, Instrument«, wie ἔργον, ὄργανον), die mit ihrer reizvollen Einlegearbeit eine Zierde des Kaśmîr-Schrankes[1] in unserm Museum bildet, ist mit der Kemânǰeh völlig identisch [Abb. 73]. Der kleine Kalebassenkörper mit der aufgeklebten Hautdecke, der lange eiserne Stachel am Unterende, der zwischen den Füßen des kauernden Spielers aufgesetzt wird, die gedrechselte Bekrönung des Stiels und alles übrige sind identisch; selbst der Name ist persisch.

[1] Schrank 30.

Nur ein Kennzeichen verrät die indische Heimat: unter den drei Darmsaiten laufen, von seitenständigen Wirbeln gespannt, 14 dünne Drahtsaiten, die nicht vom Bogen getroffen werden, aber sympathetisch in Mitschwingung geraten und den Klang der gestrichenen Darmsaiten silbrig untermalen. Es ist sehr gut möglich, daß das Prinzip der Resonanzsaiten zuerst auf persischem Boden ausgenutzt worden ist; die kaukasische Skripka und die arabische Kemânǰeh rûmî treten noch heute niemals ohne sie auf. Dennoch kann man sie mit einem gewissen Recht für Indien in Anspruch nehmen; denn in der heutigen indischen Kulturwelt wird kaum eine Laute ohne Resonanzsaiten gebaut, und selbst die Vîṇâ muß sie im Pañǰâb annehmen. Wie in der bildenden Kunst den brutalsten, zügellosesten Reliefs Miniaturen von unfaßbarer Zartheit und Milde gegenüberstehen, so stellt eben dieses Land der starken Kontraste neben seine schreienden Oboen, seine dröhnenden Trompeten und Trommeln Saiteninstrumente, deren Klang nicht süß, nicht duftig genug sein kann. Nachdem 1600 die Ostindische Kompanie ins Leben getreten war, drangen die »Aliquotsaiten« auch nach England und von da nach dem übrigen Europa und gaben auf der Viola bastarda, der Viola d'amore und dem Baryton anderthalb Jahrhunderte hindurch der abendländischen Klangpalette eine neue eigenartige Farbe; noch heute fristen sie in den sogenannten Konsonanz- oder Aliquotklavieren und auf der Nyckelharpa des schwedischen Volks ein bescheidenes Dasein.

Dann und wann kommt, namentlich in den großen Eingeborenenstädten wie Haiderâbâd und Jaipur, auch die gewöhnliche persische Kemânǰeh a'ǰûz unter dem sachlich richtigen, aber irreführenden Namen *sitâra* vor.

In Hinterindien, d. h. in Siam, Kamboǰa und den Malaiischen Schutzstaaten, ist die Herrschaft der persischen Kemânǰeh noch gefestigter; allerdings hat sie sich hier regionale Umbildungen gefallen lassen müssen. Die Darmsaiten sind durch den ostasiatischen Seidenbezug ersetzt, der kreisrunde Deckenumriß ist überwiegend herzförmig ausgezogen, der fast kuglige Körper abgeflacht und die spitze Bekrönung abgeplattet [Abb. 4]. Alle Arten von Arbeitshänden haben sich an dem Instrument versucht, und alle Stufen hinterindischen Handwerks haben an ihm ihr Können gezeigt, von den rohen, überwiegend aus Holz zurechtgeschnitzten Rückbildungen in den Malaiischen Schutzstaaten (*rabâb*) bis hinauf zu den eleganten, meist aus Elfenbein und Perlmutter gedrechselten Prachtstücken Siams (*sâ tai*) und Kamboǰas (*tro khmer*).

Auch der Archipel ist, wie es scheint, in allen seinen Spießlauten von Vorderasien abhängig. Schon der Umstand, daß auf vielen Inseln nur Muhammedaner und Christen ihr Spiel pflegen, spricht gegen Bodenständigkeit und für islamische Herkunft, ebenso die fast überall vom arab. *rabâb* abhängige Nomenklatur: Sûla-Bési und Buru *erbábi*, Halmahêra *arabábu*, Goroñ [Goram] *márbab*, javan. *rabâb*, *rĕbâb*, batak. *mĕrdáp*, gaĵo *rĕbŏp*, atjeh *rapa'i*; endlich die Nichtexistenz der Spießlaute in der ganzen Südsee.

Das javanische *Rĕbâb* [1] mit seinem ganz flachen, herzförmigen Schallkörper aus Kokosnußschale oder Holz, mit seinem gedrechselten Holzstiel und Holzstachel — auch Elfenbein kommt vor — spielt eine bedeutsame Rolle [Abb. 5]. Der Anführer des Gamĕlan leitet mit ihr sein Orchester; nach ihr, dem kleinsten Instrument, richten sich alle andern. In der Tat gewährt — außer den Flöten, die für den Kapellmeister nicht in Betracht kommen — kein Instrument die gleiche Freiheit; der ganzen Kemânĵeh-Rĕbâb-Familie fehlen ja nicht nur die ein präzises Greifen ermöglichenden Bünde, sondern sogar das Griffbrett als Unterlage und Grenze des niederdrückenden Fingers; der Spieler verändert daher die Tonhöhe nicht nur durch die Wahl des Druckpunkts, sondern auch durch den Grad des Drucks; er kann also ähnlich wie bei unserm alten Klavichord durch »Bebungen« die für alle orientalische Musik so wesentlichen Subtilitäten der Melodie hervorbringen.

Hinterindien ist wohl nicht der Vermittler gewesen. Alle Stücke von dort haben den ziemlich großen, flachen und herzförmigen Körper und drei Saiten. Indonesische Spießlauten mit all diesen Eigenschaften gibt es nicht. Selbst das nächstverwandte javanische Rĕbâb, das zwar einen völlig flachen, fast zargigen, herzförmigen Schallkörper (*bátoq*) aus Kokosnußschale oder Holz, einen gedrechselten Holzstiel (*vatáñan*) und einen längeren Stachel (*pláñkan*) hat, besitzt nur zwei Saiten — aus Messingdraht — und häufig eine angenagelte Büffelhautdecke. Die paar dreisaitigen Spießlauten, die man auf den westlichen Inseln, den nächsten Nachbarn Hinterindiens findet, weichen in andern Punkten erheblich ab. Die große Mehrzahl hat wieder das kleine, dreiviertelkuglige Kokosnußkorpus und nur eine, höchstens zwei Saiten, die in der Regel wie die der westasiatischen Lauten aus Draht gemacht sind.

Wird man also auf der einen Seite eine unmittelbare Einfuhr vom asiatischen Westen her im Anschluß an die islamischen Eroberungen annehmen müssen — Sumâtra hatte von jeher einen regen Schiffsverkehr mit Persien —, so ist doch auf der andern die Möglichkeit chinesischer Einflüsse in Rechnung zu ziehen. Jedenfalls macht alles, was der

---

[1] Schrank 74.

Archipel heute an Spießlauten aufweist, den Eindruck der Rückbildung. Außer auf Java ist fast überall der elegante Stachel am Spießende durch einen schwerfälligen, geschweiften Holzgriff ersetzt [Abb. 74], der Holzstiel stets durch einen Bambusstock und die leichte Spitze am Oberende — soweit sie nicht einfach fortgelassen ist — durch einen abenteuerlichen geschnitzten Aufsatz.

Eine besondere Abart der Spießlaute entsteht, wenn der Stiel nicht durch eine Schale, sondern im Sinne des Durchmessers, also senkrecht zur Achsenrichtung durch einen kleinen Röhrenabschnitt gesteckt wird. Fétis, der weitblickende Musikhistoriker, hat im zweiten Bande seiner »Histoire générale de la Musique« im Anschluß an Sonnerat dem Obersten der indischen Nachtgeister und König der Insel Ceylon, Râvaṇa, diese Röhrenlaute vindiziert, auf die Namen *rovana* und *ravanastron* getauft[1] und zum Stammvater aller Streichinstrumente gemacht. Das wichtigste an der Stelle, daß nämlich in Vorderindien zuerst Saiteninstrumente gestrichen worden sind, bleibt auch nach unserer Meinung bestehen; alles andere aber ist durcheinandergeworfen. Das Wort *ravanastron* gibt es im Indischen überhaupt nicht; dagegen kommt als Instrumentenname sanskrit *râvaṇahasta* vor, auf Deutsch »Râvaṇas Hand«. Das Instrument, das damit bezeichnet wird, ist eine sonst auch *sâraṅgî* genannte Streichlaute mit 6 Saiten, kleinem Schalenkörper und großer Halsbekrönung in Form einer ausgestreckten Hand. Ich fand sie, durch Unterschriften beglaubigt, in einem Tamiḻ-Bilderbuch [Abb. 75] und auf einem Telugu-Bilderbogen; im praktischen Gebrauch sah Prof. Grünwedel ein offenbar verschlepptes Stück in Ostturkistân (Februar 1903, Qarashahr).

Abb. 74. Streichlaute von Halmahêra (*arababu*). 1 : 11.

Ob gerade die Röhrenlaute als das älteste Streichinstrument anzusehen ist, scheint mir eine noch nicht spruchreife Frage zu sein. Einstweilen wissen wir über das Vorkommen dieses Typs in Vorderindien so gut wie nichts. Literarische und bildliche Quellen belegen es meines Wissens nicht; das

[1] [P.] Sonnerat, Voyage aux Indes Orientales, Paris 1782, I 181. — Fétis, l. c. II 292 ff.

einzige mir bekannte Exemplar mit der leider nicht näher nachprüfbaren Angabe »Vorderindien« habe ich im Grassimuseum zu Leipzig[1] gefunden, ein zweisaitiges Stück mit hinterständigen Wirbeln, das sich von den ostasiatischen Geschwistern durch seine Pergamentdecke und durch die merkwürdige Auskerbung des Halses — in der Form eines aus lauter Pyramidenstümpfen zusammengesetzten Stabes — unterscheidet [Abb. 76]. Solange nicht einwandfrei lokalisierte Objekte vorgelegt werden, lassen sich weitere Schlüsse kaum ziehen.

Von dem Leipziger Exemplar abgesehen, das doch möglicherweise nur verschleppt ist, bildet Âsâm die Westgrenze. Die Âo-Nagâ nehmen zu ihrer Röhrenlaute (*konkeh*)[2] einen Bambuszylinder, der hinten durch das Nodium geschlossen ist, binden mit Bast ein Stück Schlangenhaut über die Öffnung und spießen einen Holzspieß durch den Körper; die einzige Roßhaar- oder Pflanzenfasersaite schnüren sie in einfachster Weise ohne Wirbel an den Stiel. Es ist der denkbar primitivste Typus der Röhrenlaute [Abb. 77].

Abb. 75. Râvaṇahastaspieler. Nach einem tamilischen Bilderbuch.

Jüngere Arten gibt es außer in Turkistân, China, Korea und Japan noch in Indochina und Siam [Abb. 78]. Die annamitische (*cai ñi* [spr. kai nji])[3] ist wie die Mehrzahl der hinterindischen eine Schwester des chinesischen Hu k'in. Gleich ihm hat sie in der Regel große, hinterständige Wirbel, einen vierkantigen Stiel und zwei Seidensaiten in Quintstimmung; aus der ehemaligen Anschnürung der Saiten ist eine verschiebbare Schlinge geworden, die die Saiten unterhalb der Wirbel an irgendeiner Stelle an den Stiel bindet, um ihre Tonhöhe rasch zu ändern; sie entspricht dem Capotasto unserer Guitarren. Bemerkenswert ist, daß der Holzkörper keinen Boden hat, sondern hinten offen und nach außen geschweift ist. Der Spieler kann den harten, hellen Ton, den das Instrument bei seiner gewöhnlichen Haltung — gegen den Boden gestemmt und mit dem Fuß gestützt — dämpfen, indem er die Öffnung mit dem Knie schließt. Der einfache Rohrbogen hängt wie in China

[1] Nr. SAs 7335.
[2] Schrank 40 a.
[3] Schrank 57.

über der einen Saite fest, so daß er, ohne je die Saiten zu verlassen, die eine von oben, die andere von unten packt. Der Klang ist für europäische Ohren meist sehr unerfreulich. Die siamesische (*sȧ duèṅ* [sprich sso dueng]) und die kambo-

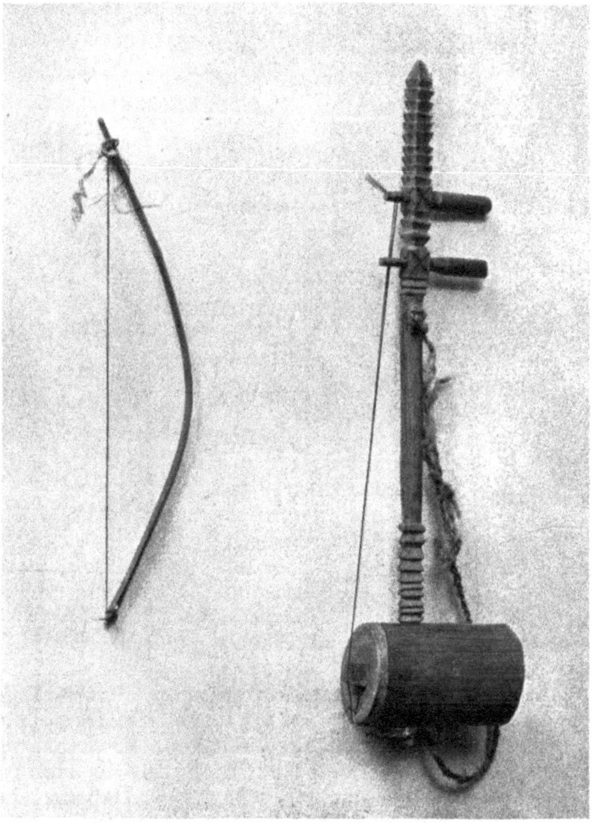

Abb. 76. Vorderindische Röhrenlaute mit Bogen; Exemplar des Leipziger Völkerkundemuseums. 1 : 6½.

janische (*tro duoṅ*) stimmen mit der annamitischen im wesentlichen überein, sind aber eine Kleinigkeit kürzer in den Abmessungen und bedeutend reicher in der Ausführung; das übliche Material ist Elfenbein. Auf der siamesischen Insel Salanga findet man Stücke mit der der chinesischen Hu hu-Gruppe eigenen Holzdecke statt der Schlangenhaut.

Wie in China, so zeigen auch in Indochina einzelne Röhrenlauten statt der Resonanzröhre eine Resonanzschale aus einer halben Kokosnuß, gehören also tatsächlich der Familie der Schalen-Spießlauten an. Es entsteht die Frage, wo das Recht der Erstgeburt zu suchen ist. Mit allem Vorbehalt, der bei der Beantwortung solcher Prioritätsfragen am Platz ist, möchten wir die Kokosnußstücke für eine hybride Varietät, eine Angleichung an die Schalen-Spießlauten halten. Kein Exemplar hat primitive Züge; im Gegenteil: in China haben eine Kokosnußschale nur diejenigen, die durch den Besitz einer Holzdecke, seitenständiger Wirbel und eines verzierten Spießkopfes den Beweis für eine höhere Daseinsform erbringen.

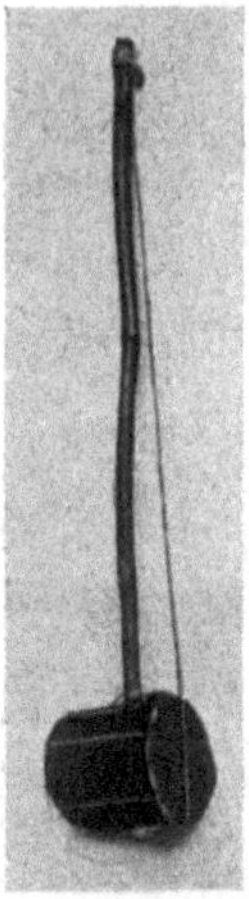

Abb. 77. Streich-Röhrenlaute (*koñkeh*) der Nagâ. 1 : 11.

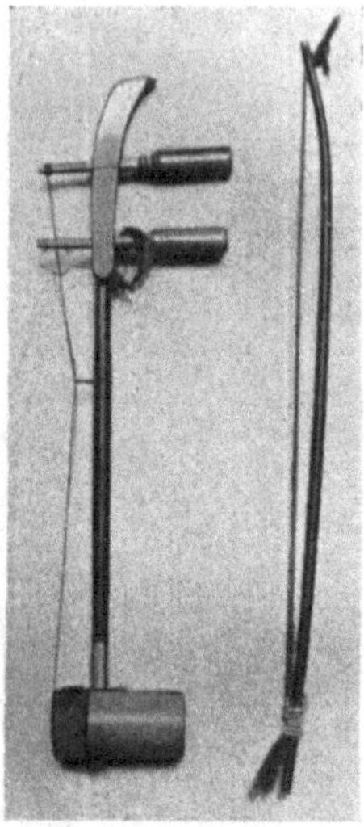

Abb. 78. Siamesische Streich-Röhrenlaute (*sâ duèñ*). 1 : 11.

Unter dieser Voraussetzung wäre es gut möglich, daß die *Venâva* von Ceylon die Rückbildung einer Röhrenlaute darstellt. Sie hat ein poliertes Kokosnußkorpus mit Eidechsenhautdecke, eine Flachs- und eine Roßhaarsaite, von denen aber nur die eine durch einen hinterständigen Wirbel gespannt, die andre dagegen am Stiel festgebunden wird; der Bogen ist stark gekrümmt, mit Roßhaar derart bezogen, daß das eine Ende der Stange für die Hand freibleibt, und oben mit Schellen behängt [1]. Daß dies heute selten und nur von Bettelmusikanten gespielte Instrument zweisaitig ist und die sonst in Vorderindien unbekannte hinterständige Wirbelvorrichtung besitzt, spricht sehr für die ursprüngliche Zugehörigkeit zur Röhrenlautenfamilie. Die Beziehung Râvaṇa, König von Ceylon, — Röhrenlaute erschiene dann in einem neuen Licht.

---

[1] J. Davy, An Account of the Interior of Ceylon and of its Inhabitants, abgedruckt in S. M. Tagore, Hindu Music, Calcutta 1882, p. 294.

Halslauten hatten wir im Gegensatz zu den Spießlauten diejenigen genannt, bei denen der Saitenträger nicht spießartig den Schallkörper durchbohrt, sondern halsartig an ihn angesetzt oder angeschnitzt ist. Es leuchtet ohne weiteres ein, daß sie die vorgeschritteneren, jüngeren sind.

Sie setzen den Wunsch nach größerer Solidität und reiferes Können voraus.

Auf den ersten Blick ist der Formenreichtum der indischen, oder zunächst der vorderindischen Halslauten sinnverwirrend. Von dem Urbewohner der Djangeln bis hinauf zu dem europäisch beeinflußten Bengalen, von der vorgeschichtlichen Zeit bis zur letzten Gegenwart ist eine solche Fülle von Typen hergestellt und im Gebrauch erhalten worden, daß eine Orientierung nur mit Mühe möglich ist. Bei schärferem Hinsehen unterscheidet das Auge eine überwältigende Mehrheit von Lauten, die mehr oder minder nahe Verwandte im neueren, islamischen Persien haben, und eine bescheidene Minderheit von solchen, die — soweit sie nicht etwa autochthon sind — Vettern nur im alten, vorislamischen Persien aufweisen können. Eine klare Einstellung namentlich dieser Minorität wird erst dann möglich sein, wenn die iranische Archäologie mehr Material zur Kenntnis der alt-westasiatischen Musikinstrumente herangeschafft hat.

Nur ganz wenige Arten möchte man für rein indisch halten. Dahin gehört jene seltsam klobige Streichlaute, die sich die Aborigener von Čhôṭâ Nâgpur im südlichen Bengalen aus einem Stück Holz in Keulenform schnitzen [1]. Alles ist hier eigenartig und archaisch: die ungegliederte Form selbst, die Riefelung des Körpers und der unverhältnismäßig große, vorderständige Wirbel mit seinem Menschenkopf. Auch die römischen Lauten hatten vorderständige Wirbel.

Auf den altbuddhistischen Höhlenmalereien zu Ajaṇṭâ in Khandesh, die etwa in das Jahr 700 n. Chr. fallen, ist in den Händen einer Kinnarî eine seltsame Halslaute dargestellt [2]: ein birnförmiges, sehr flaches Schalenkorpus mit kurzem, ungetrenntem Hals, ein paar Bünde, seitenständige Wirbel und vier Saiten, kurz, ein chinesisches P'i p'a. Ganz ähnlich ist der gleiche Typus auf ostturkistanischen Fresken aus wenig älterer Zeit dargestellt [3], und in meinem Reallexikon der Musikinstrumente habe ich bereits auf die Identität des P'i p'a mit dem griechischen Barbyton hingewiesen [4]. Aber-

---

[1] Schrank 9.

[2] J. Griffiths, The Paintings in Buddhist Cave-Temples of Ajantâ, Khandesh, India, London 1896, t. I p. 11, t. II pl. 105 Nr. 10 c.

[3] Vgl. z. B. Fig. 63 in A. Grünwedel, Altbuddhistische Kultstätten in Chinesisch-Turkistan, Berlin 1912, p. 32.

[4] Berlin 1913, p. 300 b.

mals also läßt sich ein Kulturgut zeigen, das den Hellenen, Indern und Chinesen gemeinsam ist und das die großen Wanderstraßen zwischen Griechenland und Ostasien, zwischen Turkistân und Vorderindien durchmessen hat.

In einer andern Höhle Aǰaṇṭâs [1], mit Darstellungen aus dem Leben Buddhas, ist eine Laute abgebildet, die neben einem Geigenbogen an der Zimmerwand hängt. Die bildende Kunst ist ja eine Quelle, deren Verläßlichkeit in jedem Einzelfalle besonders nachgeprüft werden muß; es bleibt immer fraglich, ob der Künstler die genaue Wirklichkeit hat wiedergeben können oder wollen. Bei diesen altindischen Höhlenmalereien fällt noch der schlechte Erhaltungszustand ins Gewicht. Bei aller kritischen Vorsicht läßt sich mit Sicherheit aus der Darstellung herauslesen: der birnenmäßige Umriß, ein etwas längerer Hals, je eine ausspringende kleine Rundung rechts und links zwischen Rumpf und Hals und ein querlaufender Saitenhalter auf der Decke. Nicht ganz sicher ist die Treue der vier Stäbchen, die alle rechts, also auf der linken Instrumentenseite aus dem Hals herausragen; offenbar sind Wirbel gemeint; es ist auch nicht unwahrscheinlich, daß sie auf dem Original wirklich einseitig gestanden haben sollten, da noch heute in China einseitige Wirbelstellungen, z. B. beim Hu po, vorkommen. Diesem zweiten altbuddhistischen Typus möchte ich die Stellung eines speziell indischen Abkömmlings des ersten, mit dem P'i p'a zusammenfallenden zuweisen. Die ausspringenden Trennungsbügel und der längere Hals erscheinen mir zur Ablehnung der Verwandtschaft nicht ausreichend, um so mehr als der ganze Komplex der Aǰaṇṭâ-Höhlen andre Lauten nicht kennt. Zwischen beiden mag die dem P'i p'a noch näherstehende schinkenförmige Laute der Reliefs vom Hain zu Amrâvati (S. Indien) [2] aus dem 4. Jahrhundert vermitteln.

Das Barbyton-P'i p'a-Blut ist in Indien nicht ausgestorben. Es ist mir gelungen, im Ethnologischen Museum zu Leipzig [3] einen jüngeren Nachkommen jener altbuddhistischen Lauten aufzufinden [Abb. 79]. Er heißt nach Aussage des Sammlungsinventars »nantuni« — gemeint ist malay. *nanduṇi* — und stammt aus Trivandrum, der Hauptstadt Travancores, ist also wie alles Altindische nach Süden abgedrängt worden; für hohes Alter spricht seine Benutzung durch die Tempelfegerkaste der Mârân. Wie das P'i p'a ist

[1] Auf. pl. 45 bei Griffiths l. c. t. I.

[2] J. Fergusson, Tree and Serpent Worship, Calcutta 1868, plate XLIV u. a.

[3] Nr. SAs 3819 ab.

er aus einem Stück Holz geschnitzt und mit Holz gedeckt; die Rundung seines Körperumrisses ist länglich, die Resonanzschale kantig und flach, die beiden Wirbel sind seitenständig und die sieben Bünde haben wie bei jenem die Form von Holzstegen. Die Stellung dieser Bünde wird überraschen: sie sind eng zusammengeschoben, fangen aber erst so weit unten an, daß das erste Drittel der Saitenlänge bundfrei bleibt; mit andern Worten: die Töne, die die leere und die durch den ersten Bund verkürzte Saite geben, stehn im Verhältnis 3 : 2, bilden also das Intervall einer Quinte; genau die gleiche Erscheinung ist dem chinesischen P'i p'a eigen. Dagegen hat der Hals die lange, schlanke Form, wie sie bereits bei dem Typus festgestellt wurde, den wir als indischen Abkömmling bezeichneten, und die ausspringenden Bügel, die dort nur der Scheidung von Hals und Rumpf dienten, sind hier zu einer kleineren Wiederholung des Schallkörpers gewachsen. Das angehängte Plektrum ist recht eigenartig; es hat die Form eines von unten ausgehöhlten Holzpenis, in den offenbar der Finger gesteckt werden soll.

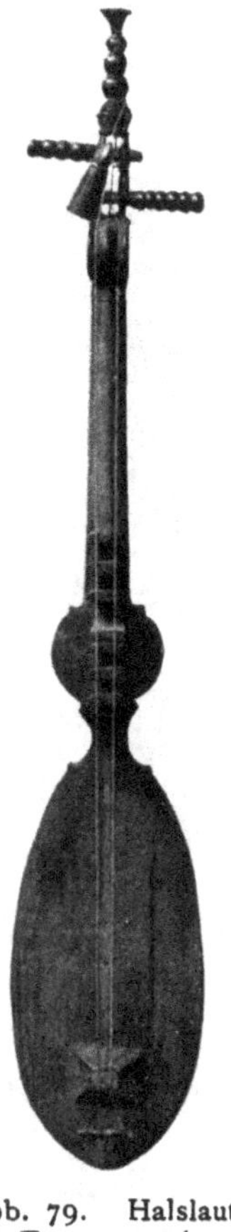

Abb. 79. Halslaute von Travancore (*nanduṇi*) mit Plektrum; Exemplar des Leipziger Völkerkundemuseums. 1 : 10.

Die große Masse der vorderindischen Halslauten hat dagegen noch lebende Verwandte in Persien und den angrenzenden Ländern persisch beeinflußter Kultur. Vorderhand ist es noch nicht möglich, mit aller Bestimmtheit das eine oder andere Stück den Persern oder Indern gutzuschreiben; alle Anzeichen sprechen aber dafür, daß alle die Typen, von denen hier die Rede sein wird, zugleich mit dem Islam eingedrungen sind und dann freilich zum Teil Umgestaltungen erfahren haben.

Im großen heben sich zwei Gruppen heraus: die eine, ältere, mit

seitenständigen Wirbeln,
bundfreiem Griffbrett,
Hautdecke,
Roßhaar- oder Darmsaiten und Streichbogen,

die zweite, jüngere, mit

kombiniert vorder- und seitenständigen Wirbeln,

Bünden,
Holzdecke,
Drahtsaiten und
Stahldrahtplektrum.

Zwischen beiden Gruppen vermitteln dann eine Unzahl Zwischenformen, die mehr nach der einen oder nach der andern Seite streben.

Schon das *Tid* oder *Tad*[1], auf dem nur noch in den Dörfern Pañjâbs und Râjputânas gefidelt wird, ist trotz seines altertümlichen Aussehens nicht mehr autochthon [Abb. 80]. Das Eigene seiner Form, der im wesentlichen runde, nach unten aber rechteckig fortgesetzte Holzkörper, der Pergamentstreifen, der nur diesen Fortsatz bedeckt, den kreisförmigen Hauptteil aber offenläßt, und die seitenständigen Wirbel, alles das ist persisches Gut. Man begegnet dem gleichen Typus bis oben hinauf nach Turkistân (*kauss*) und nur wenig verändert in Deutsch-Ostafrika (*kimuanyemuanye*). Will man im Tid einen indischen Zug finden, so wären es nur die drei Resonanzsaiten unter den vier zum Anstreichen bestimmten Drahtsaiten.

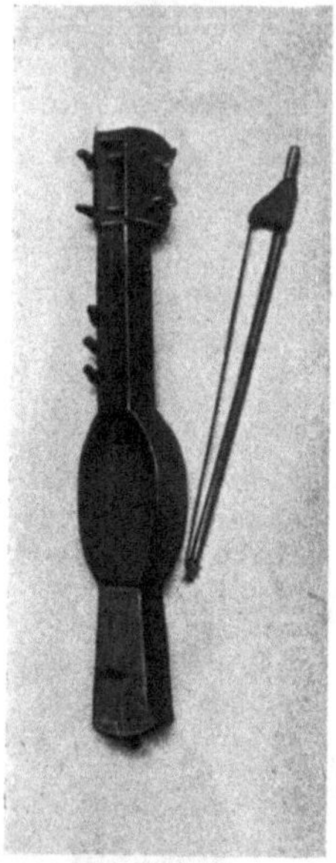

Abb. 80. Pañjâbische Streichlaute (*tid*) mit Bogen. 1 : 11.

Hier knüpft offenbar die erste der beiden Hauptgruppen an, deren wesentliche Merkmale wir oben umschrieben haben. Die *Sârindâ*, die in ganz Vorderindien von den niederen Kasten, Darvâû usw., gespielt wird, ist wohl die älteste derer, die als gemeinsame Kennzeichen Seitenwirbel, bundfreien Hals, Hautdecke, Haar- oder Darmsaiten und Streichbogen haben [Abb. 81]. Ihr Charakteristikum ist die abenteuerliche, nicht holzgemäße und sicher auf ein biegsames Material zurückgehende Form des Schallkörpers. Man stelle sich eine eiförmige Schale vor, deren Ränder auf der einen Hälfte eng zusammengebogen, auf der andern dagegen weit auseinandergezogen und spitzgeknifft sind, oder, anders ausgedrückt, eine Schale, deren Schnittfläche die Form eines umgekehrten Schiffsankers hat. Auch hier ist die Pergament-

[1] Schrank 28.

decke nur über den schmalen Unterteil geklebt; der obere, flügelartig ausladende Teil bleibt offen. In hohem Ansehen stehen die Sârindâs aus Jack-Holz (Jacqueira, vom Brotfruchtbaum *Artocarpus integrifolia*, beng. *pûga*, kann. *kaṇṭaka-phala, kaṇṭika-phala*), die in Tanjore (Madras Presidency) hergestellt werden[1].

An die Seite der Sârindâ treten zwei weitere, unter sich sehr ähnliche Streichlauten, die Čikârâ und die Sârangî. Die *Čikârâ* [sprich tschikára], in ganz Nordindien mit Einschluß von Ostbengalen beim niederen Volk beliebt, hängt entwicklungsgeschichtlich wohl mit dem heute auf das nordwestliche Afrika (Marokko, Algerien usw.) beschränkten arabischen Rebâb zusammen. Wie dieses ist es in gleichmäßiger Verjüngung aus einem einzigen Holzstück geschnitten, im Körper von den Seiten her nach vorn eingezogen, um freie Bahn für den Streichbogen zu geben, und mit einer Pergamentdecke beklebt. Statt des zurückgeknickten schlanken Wirbelkastens der Araber ist indessen ein schwerer, würfelartiger Kasten mit großen breitköpfigen Wirbeln aufgesetzt. Resonanzsaiten an rechtsständigen Wirbeln sind meist vorhanden; die drei Spielsaiten werden ebenso wie die der Sârindâ fast immer noch aus schwarzen Roßhaarsträhnen hergestellt, was allein schon den Instrumenten das Gepräge ehrwürdigen Alters gibt.

Abb. 81. Vorderindische Streichlaute (*sârindâ*). 1 : 11.

Ihre Schwester, die *Sârangî* (beng. *śarangî*, tamiḻ *čâranki*, telugu kannar. *sârangi*), in ganz Vorderindien bei allen Bayaderentänzen unentbehrlich, sonst aber schon — namentlich im Süden — vielfach durch eine europäische Violine in Sârangî- oder Vîṇâstimmung ersetzt [Abb. 89], unterscheidet sich im wesentlichen durch das breitere Korpus, das nicht mehr mit dem Hals zusammenfließt, sondern scharf gegen ihn abgesetzt ist. Der Breite wegen hat man die Zahl der Resonanzsaiten bis auf fünfzehn erhöhen können. Auch die Spielsaiten sind auf vier vermehrt und in der Regel aus Darm gedreht. Die Sârangî muß daher als jünger angesehen werden. In Nordindien steht sie meist der Čikârâ näher; sie ist schlanker und runder, hat wie diese

[1] F. R. Hemingway, Tanjore, Madras Distr. Gazett., Madras 1906, p. 127.

Bâṃyâ und Ṭablâ
Sâraṅgî

Moderne Sâraṅgî

Abb. 82. Hochzeit in Delhi.

einen Vogelleib als Wirbelkastenbekrönung, gewöhnlich weniger Resonanzsaiten und mitunter feine Einlegearbeit. Beim Spielen wird sie aufrecht in eine Art Tragschürze — wie viele Trommeln — gestellt [Abb. 82].

In Delhi hat man neuerdings eine verwunderliche Abart gebaut [Abb. 82]. Sie ist um ein Achtel größer und nur von der einen Flanke her eingezogen; die Pergamentdecke ist aufgenagelt und -geklebt. Das erstaunlichste ist ein Heer von 39 (!) Resonanzsaiten, die von ausnahmsweise vorder- und seitenständigen Wirbeln über ein System europäischer Klavierstege und -agraffen geführt sind. Der moderne abendländische Violinbogen vervollständigt das Bild dieses nicht gerade erfreulichen Bastards [1].

Bei der *Saṃyôgî*, einem andern, nordindischen Sâraṅgî-Derivat, ist der eingezogene, mit dem Hals aus einem Stück gearbeitete Körper durch eine längliche Kalebasse ersetzt [2].

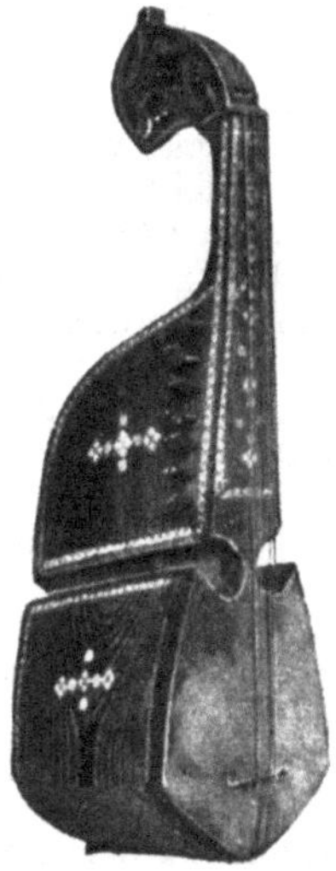

Abb. 83. Kaśmîrische Śaradîyâ-viṇâ. 1 : 11.

Es schließen sich an diese drei Instrumente eine Anzahl Lauten an, die von der zahlreichen islamischen Bevölkerung mit dem Namen *rabâb*, *rabôb*, *rubâb* oder *rebâb* belegt werden. Dazu ist zu bemerken, daß das arabische Wort *rebâb* auf die verschiedensten Arten von Saiteninstrumenten Anwendung findet. Wir sahen, daß die Malaien ihn der Spießlaute geben, und wir erwähnten soeben im Vorbeigehen eine ganz heterogene Halslaute Nordwestafrikas unter dem gleichen Namen. Nicht genug kann daher zur Vorsicht geraten werden; fast niemals ist es möglich, aus dem bloßen Namen *rebâb* auf die Natur des bezeichneten Instruments zu schließen, und bei der Bearbeitung vorderindischer Rebâbs wird man guttun, sich nach einem zweiten Namen zu erkundigen.

Der seltsamste Rabôb-Typus — auch im Afghanistan und bis zum Pamir hinauf vertreten [3] — fällt durch seine Form auf, die ein wenig an eine zerschnittene Birne erinnert. Die Schnittfläche verengert sich gleichmäßig nach dem Kopf hin, und auch die sehr bedeutende Rückenwölbung ist nach oben

[1] Schrank 20.

[2] Exemplar in Brüssel, Musée instrumental Nr. 70.

[3] Vgl. A. v. Schultz, Die Pamirtadschik, Gießen 1914, p. 81.

hin allmählich abgeflacht. Hals und Rumpf sind daher zunächst nicht voneinander geschieden; die Trennung wird äußerlich durch je eine starke, von vorn nach hinten durchlaufende Kerbe rechts und links hergestellt. Der Bezug besteht aus vier Darmsaiten, bei einer Abart (sanskr. *śaradîyâ vîṇâ* [spr. scharadíja], »Herbstlaute«, beng. *śâradîyâ bîṇâ*, hind. *saród*, marâṭhî *saród*, tamiḻ *śârada*) sind die beiden höchsten Saiten verdoppelt [Abb. 83][1]. Daß hier und da einmal eine Drahtsaite und Bünde vorkommen, sind kleine Willkürlichkeiten, die zu einer Deklassifizierung nicht ausreichen. Nicht immer werden diese Saiten mit einem Bogen gestrichen; überwiegend, wie es scheint, hat der Spieler ein Holzplektrum. Es ist eine eigene Sache mit diesem langen Holzplektrum (*Javâ* [spr. dschawa], beng. *Jabâ*). Sein Gebrauch und der des Stahldrahtplektrums (*mizrâb*) schließen sich gegenseitig aus. Nur Zithern und wirkliche, reine Zupflauten werden mit dem Mizrâb [spr. misrab] gespielt; niemals gehen diese Instrumente zum Bogen über. Die Javâ wiederum begegnet nur bei Lauten, die entweder zeit- und stellenweise auch gestrichen werden oder zum mindesten ihrem ganzen Habitus nach unzweifelhaft der Familie der Streichlauten angehören. Das lange Holzplektrum steht also nicht im Gegensatz zum Bogen; eher darf es als ein Rudiment der Vorzeit, als die gesuchte Vorstufe des Geigenbogens angesehen werden; seine Länge macht den allmählichen Übergang vom Zupfen zum Streichen durchaus einleuchtend.

Auch der andre Typus dieser Rabâb-Gruppe wird mit der Javâ gespielt. Seine ausspringenden Nasen, die statt der Kerben Hals und Rumpf voneinander trennen, erinnern noch deutlich an die spitzen Zipfel der Sârindâ [2]. Den persischen Namen dieses sechssaitigen Instruments ersetzen dic Sanskrit-Traktate durch den indischen *rudra-vîṇâ*, angeblich nach dem Gotte Rudra; es wäre der Beachtung wert, daß hier wieder einmal der Bogenschütze unter den Göttern — wie bei den Griechen — mit einem Saiteninstrument in Verbindung gebracht wird. Es liegt aber bedeutend näher, die Bezeichnung der achten indischen Vierteltonstufe *rudri* heranzuziehen; entsprechend sind ja auch andre Lautennamen, *Rañjanî*, *Prasârinî*, *Âlâpinî*, der Śruti-Reihe entnommen.

Diesem ganzen Kreise von Halslauten mit seitenständigen Wirbeln, bundfreiem Griffbrett, Hautdecke, Roß- oder

---

[1] Schrank 18.

[2] Im Pañjâb existiert eine stahlsaitige Abart namens *Čartâra* (hind. *čautâr(â)*, »Viersaiter«), und diese wiederum hat eine Varietät mit dem dicken, kurzen Hals der Sârangî und vier Stahlsaiten trotz des Namens *dotâra* »Zweisaiter« [B. H. Baden Powell, Hand-Book of the Manufactures and Arts of the Punjab, Lahore 1872, II 274, 276].

Darmsaiten, Streichbogen oder Holzplektrum steht ein zweiter gegenüber, dessen wesentliche Merkmale wir schon aufgezählt haben; es sind

kombiniert vorder- und seitenständige Wirbel,
Bünde,
Holzdecke,
Drahtsaiten und
Stahldrahtplektrum.

Der Familienname dieses offenbar jüngeren Kreises ist *sitâr* (hindûst. auch *ac̆hrauṭî*, beng. *sêtâra*). Das ist etwas irreführend, da im Persischen *si* »drei« und *târ* »Saite« bedeutet, das Instrument also zum Dreisaiter gestempelt wird, obgleich es bis zu sieben Saiten hat und gerade die dreisaitige Art (sanskr. *tritantrî vîṇâ*) die allerseltenste ist. Als Holzmaterial kommen vor allem *Cedrela Toona* und *Juglans regia* in Frage[1]. Zum Anreißen der Saiten dient das Stahldrahtplektrum *Mizrâb* (kannar. *nakki*) auf dem Zeigefinger, ein rhombischer Ring mit spitzbogenförmigem Aufsatz; der Daumen wird fest auf den Rand der Decke gesetzt, so daß die rechte Hand stets in der Ruhelage bleibt. Die linke greift die losen, verschiebbaren Drahtbünde, deren Zahl in Nordindien fast regelmäßig sechzehn, im Süden mitunter etwas größer ist. Von den indischen Kunstlauten ist der Sitâr am leichtesten zu erlernen und daher am meisten

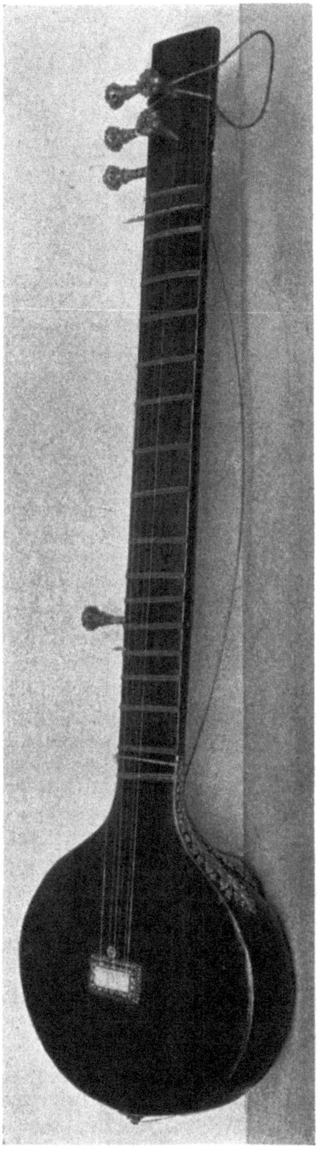

Abb. 84. Bengalische Kac̆c̆hapî vîṇâ. 1 : 11.

[1] Nach einer gef. Mitteilung des Botanical Survey of India Department zu Calcutta.

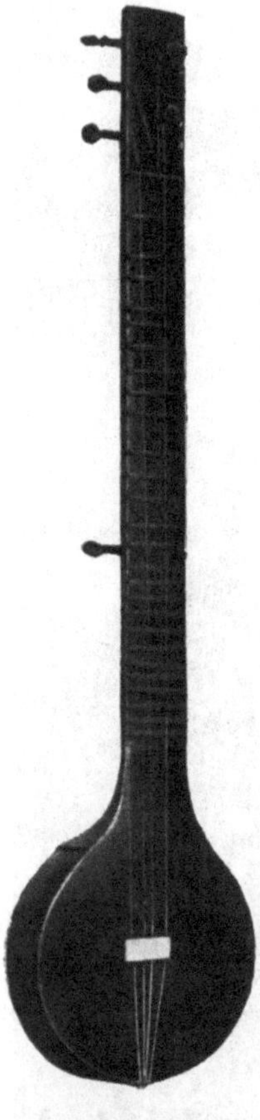

Abb. 85. Bengalische Śruti-vîṇâ. 1 : 11.

gespielt; dafür wird freilich ein nur mäßiger, für feinere Wirkungen unzureichender, klirrender Klang eingetauscht. Resonanzsaiten, die bei Zupfinstrumenten doch fast wirkungslos sind, kommen selten vor; das Instrument heißt in diesem Fall nach Day *taraffedar* d. h. also hind. *taraf-i-târ*.

Namentlich der Norden hat dem Sitâr viele Varianten zugebracht. Für den Resonanzkörper werden gelegentlich andre Materialien gewählt; es entsteht die *Śauktika-vîṇâ* [spr. schaúktika], »Perlmutterlaute«, mit einem kleinen Perlmutterkorpus, das unten in einen Ibiskopf ausläuft, die *Kinnarî-vîṇâ*, mit einer halben Straußeneischale als Resonator — man darf sie nicht mit der schon besprochenen Stabzither Kinnarî verwechseln —, und die meist viel größere *Kaččhapî vîṇâ* [spr. kátschtschhapi], mit einer Kalebasse, die so geschnitten ist, daß der Kelch in den Mittelpunkt rückt, in den Scheitel, die Schale also ungewöhnlich flach wird [1] [Abb. 84]. *Kaččhapa* ist das Sanskrit- und Bengâlîwort für »Schildkröte«. Man meint also, daß die Schale einst von der Schildkröte genommen worden sei, ebenso wie die häufig aus einem Schildkrötenpanzer gebaute Lyra von den Römern als *testudo* bezeichnet wurde. Dann wäre es aber sehr auffallend, daß das zähe Indien im Gegensatz etwa zu Nordafrika und Südamerika nicht eine einzige Schildkrötenlaute bewahrt haben sollte. Es ist interessant, daß der Name — offenbar zur Zeit der Hindûeroberung am Ende des ersten nachchristlichen Jahrtausends — auf eine große Anzahl malaiischer Saiteninstrumente übertragen worden ist, die übrigens auch nichts mit der Schildkröte zu tun haben. *Katjápi*, *Kĕtjápi* oder *Kutjápi* ist im Malaiischen bald die Halslaute, bald die javanische Brettzither; die gleiche Laute heißt bei den Batak auf Sumâtra *husápi* oder *hapétan*; auf Ostcelébes nennt man die bootförmige Halslaute *kasápi* und auf Südcelébes *katjápiṅ* usw. Des Rätsels Lösung ist die bisher übersehene

[1] Schrank 18.

Tatsache, daß *kačchapa* oder *kačcha* auch der Sanskritname für den Baum Cedrela Toona (pâlî *kačchako*) ist, aus dessen Holz ja der Sitâr vorwiegend hergestellt wird.

Auch die Form muß sich Änderungen gefallen lassen. Genau wie beim persisch-kaukasischen Târ oder Sâz kommt eine zweibauchige, in der Mitte scharf eingeschnürte Kalebasse als Körper vor, so daß das Instrument (*Vipañčî vîṇâ* [spr. vipáṇtschi], beng. *bipañčî bîṇâ*) etwa achtförmig wird [1]. Die alte *Sruti-vîṇâ* [spr. schrúti] [2] unterscheidet sich vom gewöhnlichen Sitâr nur durch Zahl und Stimmung der Bünde: sie hat deren gewöhnlich 26 in der Folge der 22 Vierteltöne (*śruti*) der indischen Oktave.

Ohne Beispiel ist der wunderliche Bau der *Prasâriṇî-vîṇâ* [3]; *prasâriṇî* heißt der elfte Viertelton der indischen Oktave. Parallel zum Hals eines gewöhnlichen fünfsaitigen Sitâr, zu seiner Linken, läuft in einiger Entfernung ein zweiter Hals mit wiederum sechzehn Bünden und fünf Saiten in der Oberoktave der entsprechenden des Haupthalses; einen eigenen Schallkörper hat dieser Nebenhals nicht; er bricht also plötzlich ab. Gegen 1800 hat man in Frankreich Guitarren in Lyraform mit drei Griffbrettern und drei Saitenbezügen gebaut; an sie erinnert ganz entfernt die Prasâriṇî-vîṇâ.

Dann nennen wird die ebenso merkwürdige »Glaslaute« *Kâča-vîṇâ* [spr. kátscha] (beng. *kâñča-bîṇâ*) [4]: ein Sitâr mit rinnenförmigem Hals und gläsernem Griffbrett, unter dem elf Resonanzsaiten aus Messing zu einem zweiten, in den

---

[1] Exemplar in Brüssel Nr. 82. — Eine Rudra-vîṇâ mit Holzdecke und europäischer Violinschnecke heißt nach Tagore *sur-vîṇâ*, eine andere — dem Virtuosen Peyar Khan zugeschrieben — mit Kalebassenkorpus, Eisendecke, sechs Drahtsaiten und einer rudimentären Resonanzkalebasse an der Rückseite des Halses nach dem Vorbild der südindischen Vîṇâ *surśṛṅgâra*; zum Zupfen dient bei dieser letzteren ein Stahldrahtplektrum [Exemplare in Brüssel Nr. 71 und 92]. Die gleiche Bezeichnung *surśṛṅgâra* trägt noch ein anderes, wohl südliches Lauteninstrument von beispiellos abenteuerlicher Form. Auf den gewöhnlichen Schallkörper eines großen Sitâr, aus Kalebasse mit angeschnitztem Blätterkranz als Kragen und Holzdecke, ist statt des Halses eine Art Rabâb aus Holz in Birnform gesetzt; der anschließende Wirbelkasten mit sechs seitenständigen Wirbeln ist scharf rückwärtsgebogen. Die metallenen Spielsaiten — sechs oder acht? — laufen über nur zwei Bünde mit Metallunterlage; sieben Resonanzsaiten, die in die Töne des gerade gespielten Râga gestimmt werden, hängen an Wirbeln in der rechten Flanke des Rabâbkörpers. Der Ton soll sehr reich sein. Leider konnte ich ein Exemplar bisher nicht sehen. Zum Anreißen der Saiten scheint ein Stahldrahtplektrum verwendet zu werden.

[2] Schrank 18.

[3] Exemplar in Brüssel Nr. 91.

[4] Exemplar in Brüssel Nr. 85.

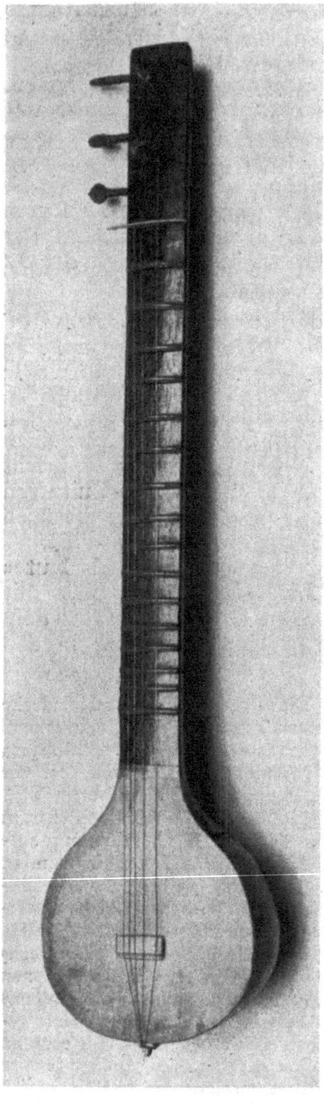

Abb. 86. Bengalische Bharata-vînâ. 1 : 11.

eigentlichen Resonanzkörper hineingesetzten und mit Pergament gedeckten Schallkörper laufen. Es bedarf keines Wortes, daß die Konstruktion dieses Instruments auf falschen akustischen Voraussetzungen beruht.

Mit der Membran, die den inneren Schallkörper der Kâča-vîṇâ deckt, haben die Varianten des Sitâr bereits angefangen, das eigentliche Gepräge des jüngeren vorderindischen Halslautentypus aufzugeben. Noch entschiedener wendet sich nach dieser Richtung die pergamentgedeckte *Bharata-vîṇâ*, deren Taufpate der älteste Sohn Dušmantas ist [Abb. 86].

Von allen Teilen des Sitâr hat sich eben der Hals mit seinen Bünden, Wirbeln und Saiten am meisten bewährt. Auch da, wo man den typischen kleinen Schallkörper mit seiner Holzdecke glaubte aufgeben zu dürfen, hat man diesen Teil beibehalten. So sahen wir bereits früher, in der Form des Bîn-sitâr, Saitenträger und Bezug des Sitâr die Verbindung mit der altehrwürdigen Vîṇâ eingehen.

Ihre Vermählung mit dem sanduhrartig eingezogenen, pergamentgedeckten Körper der Sârañgî schafft den verhältnismäßig jungen Streichlautentypus des *Esrâr*, der in der höheren Kunstmusik als Solo-Bogeninstrument und als scharf durchdringender Begleiter der Gesangsritornelle den Vorzug vor der Sârañgî hat. Eine Besonderheit ist die getrennte, rechts am Hals entlanglaufende Holzleiste für die Wirbel der Resonanzsaiten [Abb. 87].

Bei einer phantastischen Abart, der »Pfauenlaute« (sanskr. *mayurî*, bengal. *tayuś*, [spr. tájusch], pañǰâb. *ţâûs*), ist an den Schallkörper der nach unten blickende Oberkörper eines Pfauen angeschnitzt, sei es in einfacher Andeutung, sei es in völlig naturgetreuer, kolorierter Wiedergabe [Abb. 88]. Es liegt hier wieder ein auffälliges Beispiel von Zoomorphismus, von Tiergestaltigkeit vor, wie wir ihm bereits bei den hinterindischen Krokodilzithern und bei den javanischen Tigermetallophonen begegnet sind und wie wir ihn wenigstens anklingen sahen in den zahlreichen Vogelkopfbekrönungen von Zithern und Lauten. Die »Fischgeige« (*mînasârangî*) [1], eine zweite Abart, ist ein recht ungefüges Gebilde aus einer besonders langen und schlanken, annähernd fischförmigen Kalebasse, die für den Hals und den Schallkörper des Esrâr eintritt.

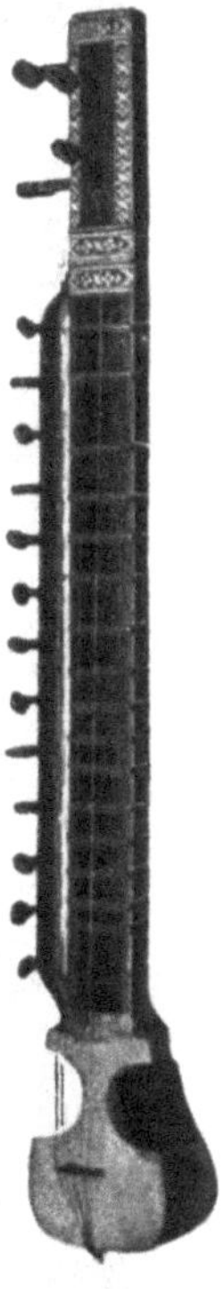

Abb. 87. Bengalischer Esrâr. 1 : 11.

Heute sieht man in Nordindien statt des Esrâr häufig den »Herzräuber« *Dilrubâ*, einen Esrâr mit seitenständigen Wirbeln, vier stählernen Spiel- und 15 wechselnd gestimmten Resonanzsaiten und 20, nicht durchgehend chromatischen Bünden. Die Melodie wird meist nur auf der höchsten, selten auch auf der zweiten der vier Stahlsaiten gespielt; die andern unterstützen gelegentlich die Haupt-Melodietöne. Wie beim Esrâr ist der Klang der gestrichenen Drahtsaiten scharf und durchdringend mit dem Rauschen der Resonanzsaiten als Hintergrund.

Die letzte der erwähnenswerten Verschmelzungsformen ist der beliebte *Survâhâra* (bengal. *surbâhâr[a]*), der vom Esrâr die Resonanzsaiten und die eigene Leiste für ihre Wirbel, vom Sitâr Korpus, Decke, Wirbel und Bezug und von der Rañǰanî vîṇâ den rinnenförmigen Hals mit eingebettetem Deckbrett geborgt hat. Gûlam Mûhammed, ein Khân von Lakhnau, soll das Instrument um 1820 angegeben haben; es gilt als *Âlâpinî vîṇâ*, d. h. als diejenige Laute, die zur Ausführung des Adagio (*âlâpa*) am geeignetsten ist.

Die einzige vorderindische Halslaute mit gemischt vorder-

[1] Schrank 18.

und seitenständigen Wirbeln, die ganz abseits von der Esrâr- und von den beiden Sitâr-Gruppen steht, ist die ungefüge *Túmburu-vîṇâ* oder *Tamburi* (hind. *ṭañbûra, ṭambûrâ*) mit ihrem großen, fast kugeligen Kalebassenkorpus, Holzdecke, bundlosem Hals, vorder-, rechts- und linksständigen Wirbeln und vier nur mit den Fingerspitzen gezupften Drahtsaiten [Abb. 89]. Das Instrument soll während des Gesanges die Tonika durchhalten und Zwischenspiele ausführen. Die Nomenklatur liegt hier ähnlich wie bei andern indischen Instrumenten, dem Kinnarî z. B. und dem Râvaṇa. *Ṭanbûr* ist in Persien und den kulturell von ihm abhängigen Ländern ein sehr gebräuchlicher, aus der metathetischen Umformung von westasiatisch *pandur* hervorgegangener Name für Lauten; Indien hat ihn übernommen und volksetymologisch auf den Göttermusikanten Tumburu bezogen. Dieser gilt in der indischen Mythologie als Erfinder der Vîṇâ, d. h. natürlich der Stabzither dieses Namens; wenn also der Prophet Nârada vor den Göttern auf der Tumburu-vîṇâ spielt, so ist nicht die Laute, sondern die Zither gemeint. Auch mit der heute in manchen Gegenden Vorderindiens *Taṃbura* genannten Stabzither darf die Laute nicht verwechselt werden.

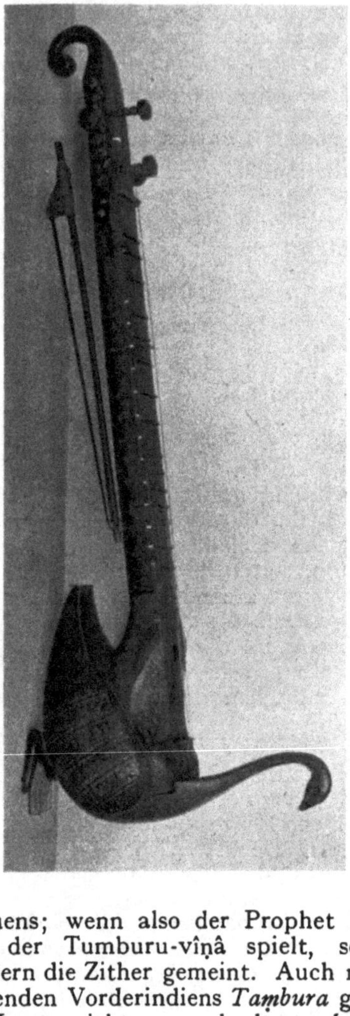

Abb. 88. Pañjâbische »Pfauenlaute« (*ṭâûs*). 1 : 11.

Schon bei der Sur-vîṇâ waren wir als oberem Abschluß des Wirbelkastens einer europäischen Violinschnecke be-

Violine Tamburi Mâdalâ

Abb. 89. Mittelindische Bajânâ.

gegnet. Diese Aufpfropfung abendländischer Instrumententeile auf indische Tonwerkzeuge steht leider nicht vereinzelt da. Man sieht z. B. die »Kürbisgeige« *âlâbu-sâraṅgî* (âlâbu = Lagenaria vulgaris Ser.), eine Streichlaute mit Kalebassenkorpus, die von der Violine Holzdecke, *f*-Löcher, Saitenhalter, Steg, Griffbrett, Schnecke und Bezug hat übernehmen müssen [Abb. 90]. Ein gewisser Sêvârâmadâsa in Višṇupura soll der »Erfinder« eines andern Violinbastards sein, des *Sursaṅga*, einer Streichlaute mit dem Körper der europäischen Geige, ihrem Wirbelkasten und ihrer Schnecke, aber mit Pergamentdecke und mit den Bünden und den vier Drahtsaiten des Sitâr. Wieder etwas anders gemischt sind die Bestandteile in der *Nâdêśvara-vîṇâ* [spr. nadéschwara]; die eine Art, die in unserm Museum vertreten ist, unterscheidet sich von der vorigen nur durch die Holzdecke, ohne Schalllöcher; die andere, von der das Brüsseler Instrumentenmuseum ein Exemplar besitzt, verbindet mit dem Schallkörper der Violine den Hals und den Bezug des siebensaitigen Sitâr und wird statt mit dem Bogen mit dem Stahldrahtplektrum gespielt[1]. All diese Kombinationen sind totgeborene Kuriosa. Eine organische Weiterentwicklung des indischen Instrumentariums unter Zugrundelegung abendländischer Errungenschaften ist nicht zu erwarten. Wenn der Inder mit unsern Tonwerkzeugen liebäugelt, so wird das nicht die Veränderung der eigenen, sondern ihre Ersetzung durch die europäischen zur Folge haben; der Anfang ist leider schon gemacht. —

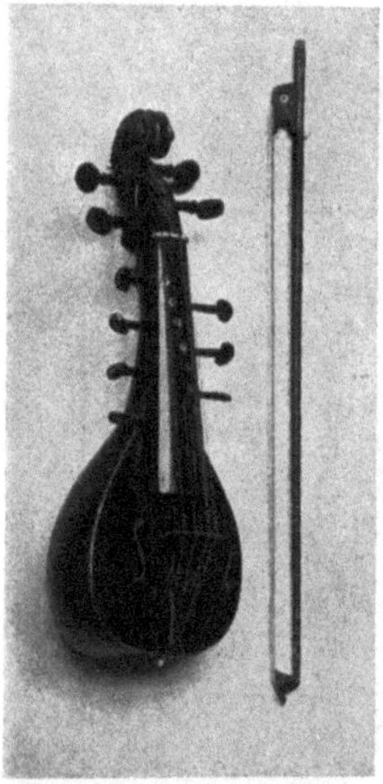

Abb. 90. Bengalische »Kürbisgeige« (*alâbu sâraṅgî*) mit Bogen; Beispiel für europäische Beeinflussung. 1 : 11.

Hinterindiens Besitz an Halslauten hat wenig Bedeutung. In Ostbengalen begegnen hier und da Bekannte aus Vorderindien, bei den Khâsî in Âsâm Čikârâ und Sâraṅgî — hier *saroṅ* genannt —, bei den Tipperah oder Tripurâ im Chittagong-Distrikt die Sârindâ[2]. Doch haben die ethnologisch

[1] Schrank 18.

[2] Gute Abbildung bei E. Riebeck, Die Hügelstämme von Chittagong, Berlin 1885, Taf. 15.

immer noch problematischen Khâsî in ihrem *Ka duitara* einen ursprünglicheren Typus bewahrt [Abb. 91], mit spatenförmigem Holzkorpus, angeschnitztem Hals, angeklebter Pergamentdecke, seitenständigen Wirbeln und vier Saiten aus Mugâseide (*Antheræopsis assama*), die entweder mit einem einfachen Bogen gestrichen oder mit einem Holzplektrum gezupft werden [1]. Das ist ein Analogon zu der schon in Vorderindien beobachteten Tatsache, daß das Holzplektrum im Gegensatz zum Stahldrahtplektrum und zu den Fingerspitzen denjenigen Lauten angehört, die mit den Streichlauten zusammen eine Gruppe bilden, daß also der Bogen Nachfolger des Holzplektrums im besondern ist.

Abb. 91. Halslaute der Khâsî (*Ka duitara*). 1 : 11.

Ein paar entfernt verwandte Streichlauten der Berliner Sammlung sind interessant genug, stehen aber heute noch zu vereinzelt da, um in einen größeren Zusammenhang gebracht zu werden. Die eine, von den Tipperah, hat die Form eines sehr schlanken Trapezes mit leichtgewölbten Seiten und Holzdecke, einem in zwei Ohren auslaufenden Wirbelkasten, seitenständigen Wirbeln und drei Fasersaiten, die unten an einen angeschnitzten Zapfen gehängt sind [2]. Die andere, aus dem malaiischen Schutzstaat Kalantan, ist bootförmig; die eingesetzte Holzdecke hat fünfzehn kleine runde Schallöcher in drei hintereinandergestellten Kreuzen zu je fünf; drei Seidensaiten gehen von seitenständigen Wirbeln über plankonvexe Rohrbünde zu einem Sattelknopf. Die bekrönenden Zacken oder Ohren der Khâsî- und Tipperah-Lauten sind vielleicht nicht ohne Zusammenhang mit denen, die auf griechischen und römischen Panduras beobachtet werden.

Nur im Vorübergehen soll des annamitischen *Cai dan ty* gedacht werden, mit seiner flachen Birnform, seinen vier Seidensaiten und seiner Bekrönung in Form der Fledermaus, des Glücksymbols; es ist durchaus mit dem chinesischen P'i p'a identisch und zudem von den Musikern Annams nicht recht ausgenutzt [3].

Sogenannte Kastenlauten oder Guitarren, d. h. Lauten,

[1] P. R. T. Gurdon, The Khasis, London 1907, p. 38 f.
[2] Schrank 20. — Abb. bei Riebeck l. c.
[3] Vgl. Knosp, l. c. p. 47 ff.

deren Schallkörper nicht aus einer natürlichen Schale oder einem ausgehöhlten Block, sondern aus einem tischlerisch zusammengefügten Kasten besteht, waren uns vereinzelt in Vorderindien bei den Nachahmungen der europäischen Violine begegnet. Auch Birma hat sich mit der abendländischen Geige auseinandergesetzt. Sind bei dieser die Verhältnisse jedes einzelnen Teils auf Grund jahrhundertelanger Erfahrungen peinlich genau abgewogen und fast kanonisiert, so ist bei der birmanischen Umformung alles maßlos; der ostasiatische Bezug aus drei Seidensaiten läuft über eine aufgeblähte Decke, und die ornamentale oder figürliche, zügellos phantastische Bekrönung nimmt mehr als die Hälfte der ganzen Länge ein [1]. Übrigens ist hier wohl in den meisten Fällen das Korpus nicht zusammengeleimt, sondern nach orientalischer Art aus einem Block gehöhlt und kantig beschnitzt; streng genommen rechnet dann das Instrument zu den Schalenlauten.

Die wirklichen hinterindischen Kastenlauten gehören ausschließlich dem chinesischen Kulturkreis an, kommen also nur im französischen Territorium vor. Sie sind überwiegend identisch mit jener Guitarre, der die Ostasiaten wegen ihrer charakteristischen Kreisform den bezeichnenden Namen »Mondguitarre« (chin. *yüe k'in*, japan. *gekkin*) gegeben haben; der annamitische Name *cai dan ñuyet* [spr. ngujet] ist die wörtliche Übersetzung. Alles, die Plattheit von Decke, Boden und Zarge, der am Ende leicht zurückgebogene Hals, die zwei seidenen Doppelsaiten in Quintstimmung und der ganze Rest stimmen durchaus mit dem Vorbild überein; nur der Hals ist hier [2] wie beim kambojanischen *Čapey toč* [spr. tschapej totsch] länger und der Schallkörper kleiner. Das beliebte Instrument hat ebenso wie sein chinesisches Prototyp im Innern das mitklingende Metallplättchen, dem wir schon bei den annamitischen großen Faßtrommeln begegnet sind.

Dem chinesischen Einfluß am weitesten entrückt, haben die Kambojaner den wenigsten Anlaß gehabt das vom Reich der Mitte überkommene unverändert zu bewahren. Sie konnten daher den Yüe k'in-Typus ganz unbefangen mit anderen mischen. Ihr *Čapey thom* [Abb. 4] hat — unter dem Einfluß des malaiischen und siamesischen Rĕbâb — ein herzförmiges Korpus bekommen, schräge, gekreuzte Wirbel wie die lâotische Stabzither und eine lange, hintenübergeneigte Holzspitze, deren elegante Krümmung im Wasserdampf er-

[1] Modell in Schrank 43; Exemplar im Ethnographischen Museum zu Leipzig.

[2] Schrank 57.

zeugt wird[1]. Diese Spitze steht nicht isoliert da. Das nordwestliche Afrika, Sierra-Leone, Nigeria usw., haben eine kleine, schlanke Laute (*kambreh*), in deren oberes Halsende ein langes, sehr elastisches Eisenblatt mit Rasselringen eingelassen ist. Es scheint, daß auch das angeschnitzte, zurückgeneigte Holzblatt in einer derartigen Vorrichtung seinen Ausgangspunkt gehabt hat; vorgeschrittenere Kulturen pflegen die den Instrumenten angehängten Rasselapparate beiseitezulassen. Der Analogien zwischen dem hinterindischen und dem westafrikanischen Kulturbesitz sind ja genug, um die Annahme eines Zusammenhangs zu rechtfertigen.

Abb. 92. Batakische Laute (*hapetan*). 1:11.

Die indonesischen Halslauten lassen sich im wesentlichen auf drei Gruppen zurückführen. Die erste Gruppe hat als Kennzeichen eine Holzdecke auf der Schale, zwei Fasersaiten an seitenständigen Wirbeln und in der Regel eine geschnitzte Halsbekrönung. Bei den Batak auf Sumâtra (*hapétan*, *husápi*, malaiisch *kĕtjapi*, von sanskr. *kaččhapa*, *kaččhapî viṇâ*) ist der Körper gewöhnlich oval, mit einem großen, geschweiften, griffartigen Fortsatz am Unterende. Die beiden Saiten, aus den Fasern des Sagurus Rumphii, werden mit einem Holzplektrum gezupft. Die Schnitzbekrönung zeigt eine kauernde Figur oder einen menschlichen Kopf; man sieht, daß auch die Köpfe unserer alten Violen ihr Analogon bei den Naturvölkern haben. Stücke, die von den Toba-Batak kommen, sind leicht an dem Haarbusch auf der Spitze zu erkennen. Eine zweite Form, deren zeitliches Verhältnis zur ersten ich nicht festzulegen wage, die mir aber die ältere zu sein scheint, hat statt des rundgeschnitzten ovalen Körpers einen kantig gearbeiteten mit stark rhombischem Umriß und auf dem Hals fünf ganz flache aufgeleimte Bünde [Abb. 92][2].

Auf Borneo haben diese zweisaitigen, hier mit den Fingern gezupften Lauten etwa Bootsform; unten ist der Körper glatt abgeschnitten, und oben geht er in eleganter Kurve — die hier und da vielleicht chinesisch beeinflußt ist — in den Hals über. Die Bekrönung hat gewöhnlich Tierform, Bünde kommen auch hier manchmal vor, und die Rôtansaiten sind bei neueren Stücken gelegentlich durch Draht ersetzt. Die beiden

[1] Vgl. Knosp, l. c. p. 110 f.

[2] Schrank 64.

borneotischen Völker, die sich ihrer bedienen, bauen sie ein wenig verschieden: die Dâyakform (*blikan*) hat die Schalenöffnung vorn und eine dünne Holzdecke darüber; die Kayanform (*safe*, *djimpai*, im Südosten *kasápi*, *sapeh*, in Lonvia *impai*) läßt die Schalenöffnung nach hinten weisen, ohne sie zu verschließen.

Die zweite Gruppe der indonesischen Halslauten ist in Ost- und Südcelebes (*kasápi*, *katjápiṅ*, *kĕtjápi*) und auf dem geradeswegs südlich gelegenen Sumba belegt; der Name ist, wie man sieht, mit dem der ersten Gruppe identisch. Das Instrument hat hier die charakteristische Form der Prau, jenes schlanken Bootes der Buginesen: ein kantiges, geradwandiges Korpus mit lanzettförmigem Umriß, ein langer, in der Hauptachse über die Decke laufender Grat, der oben als lange Spitze, unten steuerruderartig überragt und in der Mitte zu fünf säulenartigen Bünden und einem kastenförmigen Saitenhalter ausgebildet ist; eine oder zwei Faser- oder Drahtsaiten hängen an kleinen, seitenständigen Wirbeln [Abb. 93]. Auch hier, wie bei der Kayanlaute, ist die Schalenöffnung nach hinten, nicht nach vorn gerichtet; es wird also nicht eine Decke, sondern ein Boden aufgesetzt; bei alten Stücken ist dazu eine Eisenplatte verwendet worden. Exemplare sind in unseren Sammlungen selten. Das Instrument kommt häufig genug vor; aber es wird nur zum persönlichen Gebrauch angefertigt und von seinem Besitzer, dem es die überaus zahlreichen arbeitsfreien Stunden verkürzt, ungern herausgegeben[1].

Abb. 93. Celebische Bootlaute (*kasapi*). 1 : 11.

Die dritte Gruppe endlich, die bei den Bergbewohnern auf Java (*taravánsa*) und den Molukken (*vihóla*)[2] begegnet, scheint eine durchaus andre Entstehungsgeschichte zu haben als alle andern Lauten. Der große, meist scharf rechteckige Rumpf und der verhältnismäßig kleine Hals sind schroff gegeneinander abgesetzt; der Hals liegt nicht in der Ebene der Decke, sondern in der des Bodens. Es entsteht daher nicht der Eindruck, als wäre wie bei allen andern Lauten der Hals als Saitenträger Stamm des Instruments und der Resonanz-

[1] Grubauer, Unter Kopfjägern usw., 1911, p. 169.

[2] Schrank 105. — Vgl. auch K. Martin, Reisen in den Molukken 325 f. und Taf. 30 fig. 9, 10.

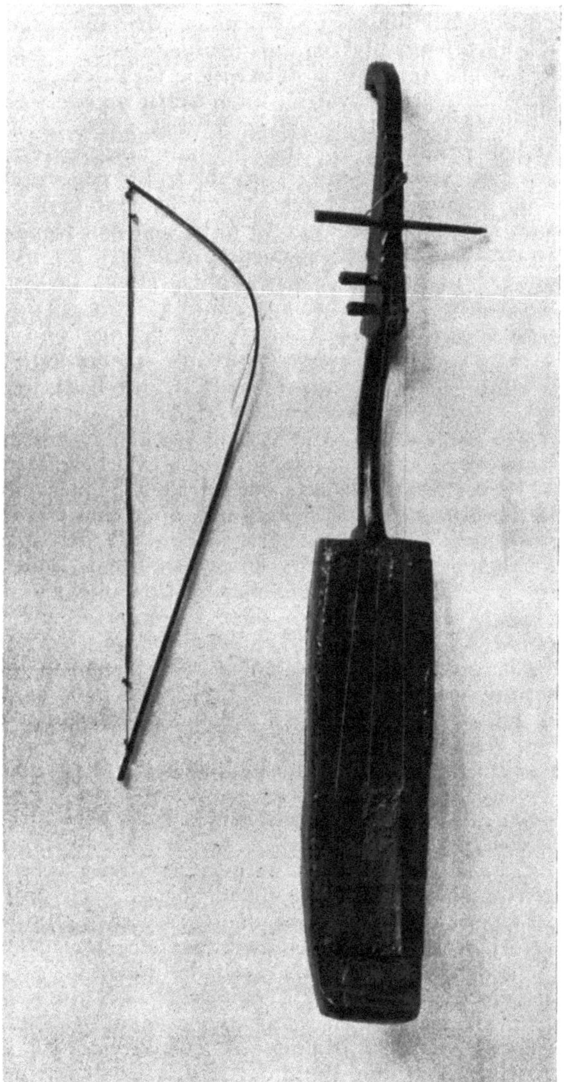

Abb. 94. Javanische Taravaṅsa mit Bogen; Exemplar des Leipziger Völkerkundemuseums. 1 : 8.

körper das allmählich Hinzugewachsene, sondern als wäre umgekehrt der Schallkörper das Primäre, dem man einen Hals beigefügt hätte, um die Saitenlänge vergrößern zu können. Das offenbar älteste mir bekannte Stück, im Leipziger Völkerkundemuseum [1], erinnert denn auch stark an die Form der javanischen Kastenzither (*kĕtjápi*), besonders durch die lehnenartige Erhöhung, in der die aufgeklebte Holzdecke ihren unteren Abschluß findet [Abb. 94]. Eine besondere Stütze für unsere Vermutung ist der Umstand, daß selbst modernere Exemplare rechts und links von den Hauptsaiten je eine kurze Nebensaite tragen, die, ohne sich um den Hals zu kümmern, an beiden Enden auf der Decke befestigt ist. Die Umgestaltung der Zither zur Laute könnte ganz gut erst in neuerer Zeit nach der Ankunft der Spanier und Portugiesen erfolgt sein. Der ganze Taravańsa-Typus steht innerhalb der asiatischen Instrumentenwelt vereinzelt da, und allen Stücken sind mehr oder weniger die Züge europäischer Saiteninstrumente aufgeprägt. Die Wirbel stecken in einem nach abendländischer Art ausgeschnittenen Wirbelkasten, die Palmblattbekrönung rollt sich nach Art der Schneckenvolute ein, und der Rumpf selbst nähert sich über eine Unzahl von Zwischenformen hinweg — unter denen die der spanisch-mittelalterlichen Vihuela mit starkgewölbtem Boden und hohen, geraden Wänden besonders auffällt — mehr und mehr der charakteristischen Violin- oder Violenform, mit Ober-, Mittel- und Unterbügeln, gewölbter Decke, C- oder F-Löchern, europäischem Saitenhalter, Kontrabaßstachel und sogar rotbrauner Holzfarbe [Abb. 95] [2]. Es paßt dazu vorzüglich, daß dies Instrument auf den Molukken den portugiesischen Namen *vihola* trägt.

Die heute am meisten gebräuchliche Form ist von vorn gesehen viereckig, von der Seite kreissegmentförmig, Schale und Decke aus einem einzigen Stück Holz geschnitzt, mit großem, viereckigem Hinterloch — wie es auch beim annamitischen *Cai dan day* begegnet — und mit drei Kupfersaiten, die ein einfacher Bambus-Roßhaarbogen streicht. Dem Gamĕlan gehört die Taravańsa nicht an; gemeinsam mit der Zither Kĕtjápi begleitet das gutklingende, melancholische Instrument den Baduy-Gesang zweier Knaben im Alter von zwölf bis vierzehn Jahren [3].

Nicht nur Anlehnungen, sondern geradezu Rückbildungen europäischer Instrumente sind auf den Philippinen häufig. Violinen, Guitarren und Bandurrias, die sichtbaren musika-

---

[1] Nr. SAs 4839 ab.

[2] Vgl. Leipzig, Ethnogr. Museum Nr. SAs 5067 ab.

[3] Encyclopædie van Nederlandsch Indië II 631.

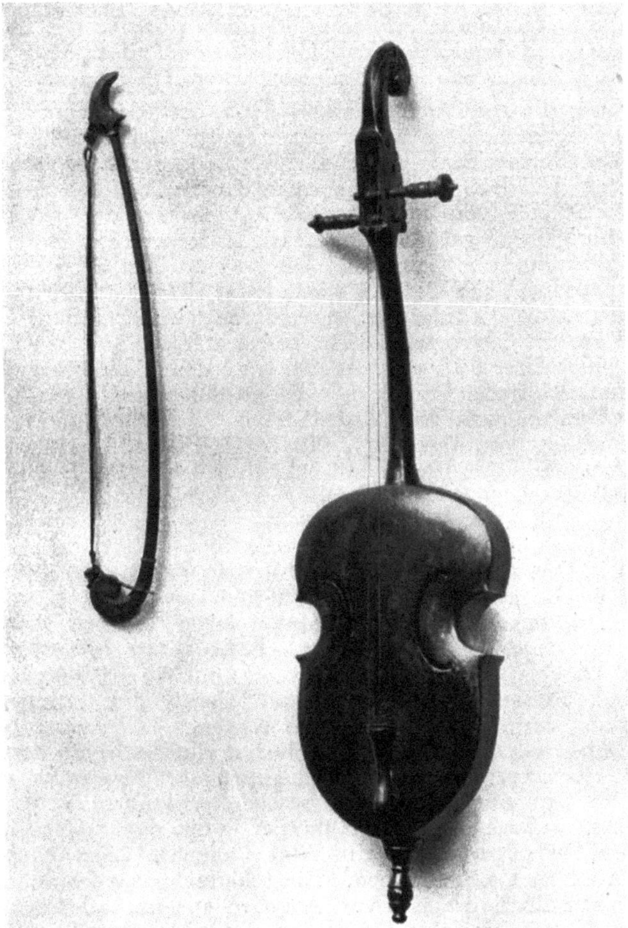

Abb. 95. Javanische Taravaṅsa mit Bogen; Exemplar des Leipziger Völkerkundemuseums. 1 : 8.

lischen Spuren spanischer Kolonisation, sind von den Eingeborenen übernommen und mehr oder minder stark rückgebildet worden [1].

[1] Charakteristische Exemplare in der Crosby Brown Collection des Metropolitan Museum of Arts zu New York.

Ganz isoliert steht ein flach-birnförmiges Lauteninstrument von Westborneo mit sechs oder drei Kattunsaiten unter dem Namen *Gambus*[1]. Es ist schon von andrer Seite bemerkt worden, daß hier vielleicht arabische Einflüsse vorliegen[2]; die geteilte Deckung — Holz über der schmaleren und Pergament über der breiteren Hälfte — und die häufig in der Holzdecke angebrachte Rose oder der sie gelegentlich ersetzende Spiegel erinnern in der Tat deutlich an das heutige Rebâb von Nordwestafrika. Auch der Name *gambus*, der übrigens als *gabbus* zugleich mit der Instrumentenform in Zanzibar und als *kabòsi* bei einer einsaitigen Streichlaute der Maronene auf Buton[3] wiederkehrt, hängt offenbar mit türkisch *qopuz* zusammen. Das ist aber sicher für die Geschichte des Instruments nicht ausreichend. Vor allem wird das chinesische P'i p'a herangezogen werden müssen; von ihm kommt die flache Birnform, von ihm der elegant rück- und vorwärtsgeschwungene Wirbelkasten mit seiner Schnitzbekrönung, von ihm auch die beträchtliche Länge eines Meters. Kleinere Exemplare haben auch die typischen vier Saiten des P'i p'a[4].

Harfen kommen innerhalb des weiten indischen Gebiets ausschließlich in Birma vor. Wohl findet der Leser in Reisebeschreibungen und Sammlungskatalogen vielfach Harfen aus andern Gegenden angeführt. Keins dieser Instrumente aber hat das Anrecht auf den Namen: nur ein Tonwerkzeug, dessen Saitenebene senkrecht zur Decke des Resonanzkörpers steht, darf so bezeichnet werden.

Alles, was es im Orient an Harfen gibt und gab, gehört dem einen von zwei getrennten Typen an. Der erste, den wir als den der Winkelharfe bezeichnen wollen, hat einen großen, aufsteigenden Schallkörper, von dem unten der gerade Saitenhalter scharf im Winkel abgeht. Diese Winkelharfe ist heut ausgestorben. Einst herrschte sie in der ungeheuren Zone, die sich von Assyrien aus nach Osten und nach Westen hinzieht; Denkmäler der bildenden Kunst belegen sie im assyrischen Reich, ostwärts in Persien, Hindû-

---

[1] Exemplare im Rijks Ethnographisch Museum zu Leiden 370/3688 und 370/3697 und im Sarawak Museum Nr. 1207.

[2] H. H. Juynboll, Katalog des Ethnographischen Reichsmuseums Bd. II, 2. Abt., Leiden 1910, p. 321.

[3] Elbert, Die Sunda-Expedition, Frankfurt a. M. 1911, I 268.

[4] Das Leipziger Museum hat ein Stück von den Lonklat-Dâyak mit drei doppelten Darmsaiten unter dem Namen *sapae*. Auch ein viersaitiges Exemplar ist in der gleichen Sammlung.

stân, Turkistân und Korea und westwärts in Ägypten, Griechenland und sogar im maurischen Spanien.

Der zweite Typus, der der Bogenharfe, hat nur ein kleines, schlankes, etwa bootförmiges Korpus, unter dessen Decke sich der Saitenträger als Mittelgrat abzeichnet, um dann am Oberende herauszutreten und in elegantem Halbkreisschwung die leichte Kurve des Schallkörpers fortzusetzen. Das alte Ägypten kannte sie ebenso wie Hellas und Rom und wie die modernen Neger von Uganda bis hinüber zu den Fañ an der Westküste, und die altbuddhistische Kunst belegt sie seit dem ersten nachchristlichen Jahrhundert (Reliefs von Sanchi, Zentralindien [1]) auch für Ostturkistân und Vorderindien. Festzüge [2], Bacchanale [3] und andere Szenen werden mit der Bogenharfe begleitet, und mit ihrem Spiel kündigt der Gandharva Pañčaśikha Indra's Besuch bei Buddha an [4]. Der einzige Originaltext, der Pañčaśikha's Instrument bezeichnet, der Avadânaśataka [5], gibt ihm den Namen *vaiḍûryadaṇḍâ vîṇâ*, »beryllstöckige Vîṇâ«; *vîṇâ* ist also als Name der altindischen Harfe anzunehmen. Da Westasien nur die Winkel-, nicht aber die Bogenharfe je besessen zu haben scheint, so besteht die Möglichkeit einer Einfuhr von Ägypten her; daß Indien vom Pharaonenreich Musikinstrumente bezogen hat, wird uns vom Periplus bezeugt [6].

Die Birmanen, die sie als einzige Asiaten bis heute bewahrt haben, schnitzen die Schale aus Padaukholz (*Pterocarpus indicus* oder *macrocarpus*) und geben ihr unterhalb des Halsaustrittes einen Henkel, so daß eher der Eindruck einer Sauciere entsteht; für die Decke wird Rehhaut genommen. 9—13 Seidensaiten sind annähernd parallel zwischen dem verdeckten und dem offenen Teil des Bogens ausgespannt; zum Stimmen dienen statt der Wirbel verschiebbare, gewöhnlich rote Schnüre, deren lange, quastengeschmückte Enden herunterhängen [Abb. 96]. Der Spieler kauert auf der Erde und hat das Instrument in der Art vor sich, daß

---

[1] J. Fergusson, Tree and Serpent Worship, Calcutta 1868, plate XXVIII fig. I. — Mit großem Plektrum!

[2] Vgl. z. B. die gravierte Kupfervase im Londoner India Museum; Abb. in G. Birdwood, Ausstellung indischer Kunstgegenstände zu Berlin, London [1881], p. 42.

[3] Vgl. das Relief aus Kâfir-Kot im British Museum; Abb. 133 in A. Foucher, L'Art gréco-bouddhique du Gandhara, Paris 1905, vol. I.

[4] Z. B. Relief aus Loriyân-Tangai im Museum zu Calcutta; vom Stûpa Sikri im Museum zu Lahore; von der Balustrade des Tempels Mahâbodhi, Bodh-Gayâ (Abb. in Cunningham, Mahâbodhi, pl. VIII 6).

[5] ed. Speyer, Bibliotheca Buddhica III, St.-Petersburg 1902, I, 95, 10.

[6] Periplus maris erythraei § 49.

Abb. 96. Birmanischer Harfenist.
Nach O'Connor, The Silken East.

das Korpus vor seine rechte Körperhälfte kommt und die Saiten eine horizontale Lage einnehmen; beide Hände zupfen die Saiten, eine jede von einer Seite aus. Der Klang ist äußerst zart und sehr reizvoll[1]. Der birmanische Name *tsauṅ* erinnert deutlich an pers. *čaṅk* und hindûst. *čaṅga*, die beide ebenfalls die alten Harfen bezeichneten.

[1] J. Nisbet, Burma under British Rule — and before, Westminster 1901, II 304. — Fea, Quattro anni fra i Birmani, Milano 1896, p. 153. — V. C. Scott O'Connor, The Silken East, London 1904, I 254.

IV. Aerophone.

Flöten.

Mit dem Wort Flöte wird ein bedauerlicher Mißbrauch getrieben. Der Laie gibt ihn jedem Blasinstrument, dessen Wand von Grifflöchern durchbohrt ist, ohne sich im mindesten um den Anblasmechanismus zu kümmern; auch einfachere Formen ohne Grifflöcher werden unbedenklich hinzugerechnet. Die besondere Art, wie ein solches Instrument angeblasen wird, oder, mit anderen Worten, die Natur seines Mundstücks kann aber unter keinen Umständen, selbst bei dem niedrigsten Anspruch an Wissenschaftlichkeit, außerachtgelassen werden. Es kommen hier nicht nur ganz verschiedene Wege der Tonerzeugung, also ganz verschiedene physikalische Prinzipien in Betracht, die ihrerseits für die ethnologische und historische Wertung nicht übersehen werden können, sondern auch gänzlich abweichende Klangerscheinungen, auf die ja der wissenschaftlich Uninteressierte das größte Gewicht legen wird. Ein kleines Beispiel für die Folgen dieser sprachlichen Nachlässigkeit: alle Wörterbücher geben das griechische αὐλός mit »Flöte« wieder. Da gibt es denn Altphilologen, die es in ihrer hellenophilen Begeisterung dem Griechentum zum besonderen Ruhm anrechnen, daß der Krieger sich vom Klange sanfter Flöten zum Kampf aufstacheln ließ: eines wie schwachen Reizes bedurfte der feinsinnige Hellene! Wie stumpf ist der moderne Mensch! In Wirklichkeit war der Aulos durchaus keine sanftklingende Flöte, sondern eine grelle, aufpeitschende Oboe, die auf die Griechenseele eben nicht anders gewirkt hat als die akustisch und klanglich ähnliche Sackpfeife auf den Schotten und Iren.

Der Name Flöte gehört ausschließlich denjenigen Blasinstrumenten, bei denen nicht eine Zunge, sondern eine Schneide den zugebrachten Wind in einzelne, periodisch sich folgende Stöße zerlegt, die ihrerseits die in der Röhre oder dem Gefäß eingeschlossene Luftsäule zum Erklingen bringen. Ihr entscheidendes Merkmal ist die scharfe Kante in irgendeiner Form oder Verarbeitung. Über die Natur der Schneidenwirkung sind wir uns bisher noch nicht klar. Nach neuerer Anschauung wird der Wind durch die Schneide periodisch abgelenkt, d. h. abwechselnd hin- und hergeführt, so daß ein Teil außerhalb des Instruments verloren geht, der andere aber ruckweise ins Innere gelangt und die eingeschlossene Luft durch Anstoßen in Schwingungen versetzt.

Die einfachste Form einer solchen Flöte ist ein Stück Rohr, Schilf, Bambus oder dergleichen, das man oben und unten gerade abschneidet. Der europäische Bläser, durch bequemere Vorrichtungen verwöhnt, hat große Mühe, auf einem solchen Rohr überhaupt nur einen Ton hervorzubringen. Die Natur- und urwüchsigeren Kulturvölker, denen fast allen diese Längsflöte eigen ist, vermögen ihr erstaunliche Leistungen abzugewinnen. Der Spieler hält sie mehr oder weniger schräg vor sich und deckt die obere Öffnung fast ganz mit der Ober- oder Unterlippe. Der Atem richtet sich gegen das freigebliebene Stück des Oberrandes und erfährt von ihm die oben gekennzeichnete Schneidenwirkung. Der nächste Schritt im Sinne der musikalischen Verwertung ist das floßartige Aneinanderbinden mehrerer solcher Rohrpfeifen gewesen, die, in verschiedener Länge abgeschnitten, verschiedene Töne ergeben und dem Bläser die Herstellung von Tonreihen, also Melodien, ermöglichen. Von diesen sogenannten Panflöten wird nachher die Rede sein.

Männer, die die Knochen erschlagener Feinde oder Tiere durchbohrten, um sie als Trophäen an den Gürtel zu hängen, mögen das Geheimnis entdeckt haben, daß eine solche Röhre, die sich ja leicht als Längsflöte anblasen ließ, verschiedene Töne hergab, je nachdem das Bohrloch offenstand oder zufällig durch den greifenden Finger verschlossen wurde. Sie lernten, daß durch die Anbringung seitlicher Löcher eine Pfeife künstlich in verschiedenen Längen benutzt werden kann, daß also eine einzige Röhre das Floß der Panflöte zu ersetzen vermag. Es ist derselbe Vorgang, der sich bei den Saiteninstrumenten abspielte, als man darauf kam, durch Fingeraufsatz eine Saite beliebig zu verkürzen, d. h. ihren Ton spontan zu erhöhen, und damit einer einzigen Saite das abzugewinnen, wozu vorher eine ganze Reihe Saiten notwendig gewesen war.

Ein Teil der vorderindischen Aborigenerstämme hat diese typischen Rohrflöten (sanskr. *vâṃśî*, pâlî *vaṃso*, beng. *bâṃśî*) ohne oder mit Grifflöchern, auf denen schon im Ṛgveda die Marut blasen, beibehalten. Aus der Fülle ragen durch ihre Originalität die über zolldicke, tief und ausgiebig klingende der im Blasen hervorragenden Santâl[1] und die Flöte des Schmiede-

---

[1] Dalton, Ethnology of Bengal, p. 214.

volkes der Kotar unten im Nîlgirigebirge (*bugari* oder *buguri*) hervor [1]. Diese ist kunstlos aus einem Stück Rohr zurechtgeschnitten und mit fünf oder sechs nicht immer ganz regelmäßig eingebohrten Löchern versehen. Stets ist das Rohr so gewählt, daß nahe dem einen Ende ein Astansatz stehen bleiben kann; dieser ist das untrügliche Kennzeichen der Kotarflöte [Abb. 97]. Gelegentlich hängt an ihm ein kleines Schellenbündel; primitive Kulturen verzichten ungern auf reine Lärmwirkungen; so sehen wir noch häufig am Griffende der nordindischen Geigenbögen ähnliche Schellenbündel [2], in den Teilungsringen der großen vorderindischen Bronzetrompeten rasselnde Kugeln, an den ihnen verwandten Luren der skandinavischen Vorzeit aufschlagende Metallklunkern und in manchen Negerzithern raschelnde Samenkörner. Ein in seiner Bedeutung unerklärter Brauch will es, daß beim Leichenbegängnis eines Toda solch ein Buguri ebenso wie Pfeil und Bogen verbrannt wird. Keines dieser drei Dinge, ja, überhaupt kein Musikinstrument wird von dem Rinderhirtenvolke der Hills gebraucht. Benötigt der Toda musikalische Aufwartungen zu seinen Zeremonien und Festen, so muß er seinen Nachbarn, den Kotar, herbeiholen [3].

Abb. 97. Längsflöte der Kotar. 1 : 11.

Das Anblasen der Längsflöte wird bedeutend erleichtert, wenn der Verfertiger in den Rand der Oberöffnung eine Kerbe einschneidet. Die Lippe deckt dann vollständig, und der Atem wird leicht gegen die Schärfe des Ausschnitts geleitet. Diese Stufe vertritt in Vorderindien die bengalische *Laya vâṃśî* [spr. vángschi] [4], in Hinterindien, wo die Längsflöte überhaupt seltener zu sein scheint, die alte Flöte von Lâo [5]. Die nächste Etappe, das Verschließen der Oberöffnung durch den Wachstumsknoten des Bambus, also die Verabschiedung des Lippenverschlusses, kommt auf indischem Boden nicht mehr vor; sie ist für China charakteristisch.

Im Gegensatz zu Hinterindien hat der Malaiische Archipel der Längsflöte eine große Bedeutung gelassen. Außer der überall verbreiteten, im einzelnen nicht erwähnenswerten

[1] Schrank 5.

[2] Belegstücke im Museum. T. C. Hodson (The Meitheis, Lond. 1908, p. 55) erwähnt Schellenbögen zur *Pena* von Manipur.

[3] W. H. R. Rivers, The Todas, London 1906, p. 364, 601.

[4] Schrank 19.

[5] Schrank 59.

Rohrflöte, auf deren hinduistische Abkunft der vom Sanskrit hergeleitete Name *bańsi* deutet, fesselt hier ein merkwürdiger, auf Tîmor bei den Büffelhirten in hoher Gunst stehender Signalpfeifentypus (Dialekt von Laga *kai hui*, von Barique *fo-i*)[1]. Aus einem Stück Holz wird spindelförmig, d. h. stark konvergierend, die Pfeife samt einem breiten Kragen wie das Heft eines Kĕris oder wie ein Granatapfel geschnitzt. Ein nadelfeines Endloch ist nicht als Mündung, sondern als Griffloch aufzufassen; die Pfeife gehört zu den »Gedackten«. Der Rand der breiten Oberöffnung ist doppelt ausgekehlt, d. h. derart gewellt, daß sich zwei Einsenkungen, eine höhere und eine tiefere gegenüberstehen [Abb. 98]. Der Spieler stützt die Unterlippe gegen die höhere und bläst nach der tieferen hinüber; der Winkel, in dem das Instrument zum Munde stehen muß, ist hier weit leichter gefunden als bei den andern Arten. Dies Auskehlungssystem hat sicher einmal eine große Rolle gespielt, wenn man nach seinem Verbreitungsradius schließen darf. Die Flöten des oberen Šan-Gebiets (Birma) haben es, und weit jenseits von Asien taucht es wieder auf: bei uns oben in Litauen, dessen Instrumentarium so viel Asiatisches treu bewahrt hat, und in Afrika. Das Seltsamste aber ist, daß Afrika nicht nur die gleiche Anblasöffnung, sondern — z. B. am oberen Nil — das genaue Spiegelbild der ganzen Pfeife mit ihrer prägnanten Spindelform, dem angeschnitzten Kragen und der engen Mündung, besitzt.

Abb. 98. Signalpfeife von Tîmor. 1 : 3.

Ebenfalls auf Tîmor finden wir denn auch Panflöten, deren Wesen und Stellung wir schon oben umschrieben haben [Abb. 99]. Man klebt neun bis zwölf verschieden lange, durch die Wachstumsknoten unten verschlossene Rohrabschnitte der Reihe nach nebeneinander und sichert sie durch ein herumgeschnürtes Rôtańband. Die offenen Oberenden, doppelt ausgekehlt wie bei der vorigen Pfeifengruppe, sitzen in einer geraden Linie nebeneinander, so daß sie der Bläser je nach Bedarf bequem vor den Mund bringen kann; der Leser kann sich die Art

[1] Schrank 82.

gut klarmachen, wenn er an die Handhabung der Mundharmonika durch unsere Straßenjugend denkt. Ganz ähnliche Panflöten kommen im Westen Javas und oben in Birma und Siam vor. Unser Museum besitzt leider keine aus diesen Gegenden; dagegen sind eine ganze Reihe birmanischer im Münchener Ethnographischen Museum. Eingehende Messungen der Tonhöhen, die bei dem fast unveränderlichen Material der Panflöten gut gegründet sind, haben überraschende Analogien nicht nur der malaiischen und hinterindischen, sondern sogar der brasilianischen ergeben. Die vergleichende Völkerkunde wird sich der Verwertung dieser Zusammenhänge nicht entziehen können [1].

Abb. 99. Panflöte von Timor. 1 : 11.

Eine besondere Abart der Längsflöte ist darauf eingerichtet, nicht mit dem Munde, sondern mit der Nase angeblasen zu werden. Wie anderwärts, in Polynesien namentlich, sind auch in Indien derartige Flöten so eingerichtet, daß das Oberende durch den Wachstumsknoten verschlossen und in diesen ein kleines Loch gebohrt ist, gegen dessen scharfen Rand der Nasenatem gerichtet wird. Als Verbreitungsgebiet scheint der ganze Archipel und Malâka in Frage zu kommen; hier, auf der Malaiischen Halbinsel, ist sie aber ausschließlich in den Händen der Eingeborenen, nicht der höherkultivierten Malaien [2]. Angeblich hätte man in früherer Zeit auch die später zu besprechende Tiktirî, die Doppelklarinette der Schlangenbeschwörer, mit der Nase angeblasen. Über Ursache und Zweck der merkwürdigen Spielart haben wir bisher nur Vermutungen. Man hat z. B. das Kastenwesen verantwortlich gemacht und die Furcht, mit dem Mund eine Stelle zu berühren, die schon von den Lippen eines Tieferstehenden berührt sein konnte; man hat auch von den Möglichkeiten gesprochen, die sich beim Atmen über einen verletzten hohlen Nasenring ergeben. Der ersten Ansicht ist die unberechtigte Voraussetzung eines bereits nach Kasten gegliederten Gesellschaftswesens vorzuwerfen; der zweiten gegenüber ist nicht recht einzusehen, warum es erst des Nasenringes bedürfen soll, um das Prinzip der Flöte zu entdecken oder, wenn es schon entdeckt ist, um den Nasenatem als gleichbefähigt zu erkennen; zudem ist der Nasenring in Vorderindien erst in recht später Zeit eingeführt

---

[1] E. M. von Hornbostel, Über ein akustisches Kriterium für Kulturzusammenhänge. Zeitschr. f. Ethnologie 1911, p. 601 ff.

[2] Schrank 52. — Skeat and Blagden, Pagan Races of the Malay Peninsula, London 1906, II 117, 123, 126, 135, 142; Abb. p. 136.

worden. Vielleicht hat man die Nase nur benutzt, weil man den Mund zur Ausführung der bei Naturvölkern so beliebten Brummstimmen freihaben wollte.

Die Längsflöte hat heute fast auf der ganzen Linie ihrer jüngeren Schwester, der Querflöte, weichen müssen, weil ihre Handhabung zu schwierig ist. Die Querflöte, das einzige von der abendländischen Kunstmusik beibehaltene Glied der Flötenfamilie, hat das gleiche Grundprinzip wie die Längsflöte: der Spieler bildet mit den Lippen einen bandförmigen Luftstrom und schickt ihn gegen eine scharfe Kante. Diesmal wird aber nicht die Oberöffnung benutzt; man verschließt sie durch den natürlichen Wachstumsknoten des Bambus oder durch einen künstlichen Pfropfen und schneidet in die Seitenwand ein scharfrandiges Mundloch. Der Spieler hält das Instrument quer vor sich und stützt die Unterlippe bequem auf.

Es ist über das Alter der Querflöte viel gestritten worden. Ein Erfindungsjahr läßt sich freilich nicht angeben; aber wir können an der Hand archäologischer Funde feststellen, daß im 9. Jahrhundert n. Chr. Querflöten von den Hindû nach Java gebracht worden waren, daß ostturkistanische Fresken im Berliner Kgl. Völkerkundemuseum, die von Grünwedel und v. Lecoq ins 5. Jahrhundert n. Chr. verwiesen werden, daß die berühmten altbuddhistischen, etwa um 700 fallenden Höhlenmalereien von Ajaṇṭâ in Khandesh[1], daß eine vorderindische Kupfervase aus dem 2. oder 3. Jahrhundert im Londoner India Museum, ja, daß die aus dem ersten nachchristlichen Jahrhundert stammenden Reliefs von Sanchi in Zentralindien[2] wiederholt Querflöten darstellen, und es ist aus antiken Malereien so gut wie sicher zu schließen, daß das spätere griechisch-römische Altertum diesen Flötentypus kannte[3]. Dazu kommt als Indizium hohen Alters, daß sie das Attribut des schwarzen Kṛšṇa ist; er spielt sie im Kreise junger Hirtenmädchen, wie Apollon die Kithara unter den Musen. Nach all dem ist die Entstehung in Asien äußerst wahrscheinlich.

In Vorderindien (sanskr. hindî *vâṃśî*, hindûst. beng. *bâṃśî*, hindûst. *bâṅsrî*, *bâṅslî*, poetisch *bâsrî*, *basrî*, *basurî*, *bansî*, maggah tirhutî *basulî*, kâśmîrî pañjâbî *nây*, tamiḻ *piḻḻâṅkuḻal*, kann. *piḻḻaṅgôvi*, telugu *pellaṅkôvi*, khâṇḍâ

[1] J. Griffiths, The Paintings in the Buddhist Cave-Temples of Ajantâ, Khandesh, India, London 1896, vol. I plates 6,60.

[2] Vgl. XXIV, XXXIII, XXXIV u. a. in J. Fergusson, Tree and Serpent Worship, Calcutta 1868.

[3] Curt Sachs, Reallexikon der Musikinstrumente. Berlin 1913, p. 311.

boisi, auch sanskr. beng. *muralî*) hat sie die normale Form: ein Rohrabschnitt mit dem Nodium am Oberende, ein Mundloch und drei bis vier Grifflöcher in einer Reihe. Nach Nordwesten zu, namentlich in Kaśmîr, begegnet man einer Querflöte ausgesprochen persischen Gepräges, aus Holz, auf der Drehbank konvergierend konisch zugerichtet und mit fünf Grifflöchern versehen[1]. Als Attribut Kṛšṇa's heißt sie in den vedischen Schriften *vêṇu*, pâlî *vêṇu*, *vêlu* (»Rohr, Bambus«); nach dem Višṇupurâṇa l. II c. 5 machen im Pâtâla, der Unterwelt, Vêṇu, Vîṇâ und Mṛdaṅga herrliche Musik; heute bezeichnet man mit diesem Namen eine mannshohe, grifflochlose Längspfeife von Orissa.

Hinterindien hat neben der normalen Rohrflöte eine Reihe interessanter Abarten. In Âsâm und Malâka ist auch das Unterende geschlossen — »gedackt«, wie wir sagen —, so daß die Schwingung der eingeschlossenen Luftsäule vom Boden zurückgeworfen wird und erst am Mundloch ihr Ende findet; der Ton entspricht dann der Summe von Hin- und Rückweg, ist also fast um eine Oktave tiefer, als wenn die Flöte offen wäre.

Im Bereich des chinesischen Einflusses wird zwischen Mundloch und Grifflöchern ein weiteres Loch eingeschaltet, das der Spieler mit einem feinen Häutchen oder Papierblättchen bezieht, um durch dessen Mitschwingen den Ton nasal zu färben; davon wurde bereits bei den Mirlitons gesprochen. Bei der Beschreibung von Flöten aus dem östlichen Hinterindien werden die Museumsbeamten guttun, diese Vorrichtung zu beachten; die Haut im ganzen ist zwar so gut wie niemals erhalten, aber fast immer neben dem Lochrand in feinen Spuren nachweisbar.

Die Malaien haben eine Vorliebe für Pfeifen vom Querflötensystem, die sie vom Wind statt vom menschlichen Atem anblasen lassen. Wir sprechen in diesem Fall — nach Analogie der Äolsharfe, — von Äolspfeifen. Auf Malâka nehmen die eingeborenen Ôraṅ Běsisi und Ôraṅ Měntěra Bambusstämme, die häufig genug wie der des Berliner Museums[2] eine Höhe von acht Metern erreichen, und schneiden in die Seitenwand, nahe den einzelnen Wachstumsknoten, senkrechte Schlitze von verschiedener Länge und Breite. So entsteht eine Orgel aus ebensoviel gedackten Flötenpfeifen, als der Stamm Internodien hat; nach Maßgabe der abnehmenden Dicke und Höhe der einzelnen Kompartimente und der Proportionen ihrer Seitenschlitze geben sie verschiedene Töne her, wenn ein Luftstrom auf die Lochkante trifft. Solch eine

[1] Schrank 30.
[2] Saal V, Fensterwand.

natürliche Bambusorgel wird an einer möglichst hohen Baumspitze befestigt. Es läßt sich dann der Apparat durch eine einfache Drehung aus der Windrichtung bringen, also ausschalten. Wendet man ihn dagegen dem Winde zu, so werden je nach dessen Stärke einige oder alle Internodien angeblasen, in einer dynamischen Skala, die alle Werte vom zartesten Säuseln bis zum donnernden Fortissimo einschließt. Freilich dient diese Äolsorgel (*buluh ribut*) nicht rein musikalischen oder gar sentimentalen Zwecken, wie unsere Äolsharfe; dem Eigentümer oder dem Dorfgenossen, der ihren individuellen, persönlichen Klang genau so kennt wie der Neger oder der Südseeinsulaner den seiner Holztrommel, dient sie auf nächtlichem Heimweg durch die Dschangel als akustischer Wegweiser, so wie unsern Schiffern die Heulboje [1]. Aber hier liegt eben der Unterschied: stellt der Europäer einen Klang zu Nutzzwecken ein, so wählt er ihn so häßlich als möglich. Der Inder verklärt den Nutzzweck durch Schönheit; ein akustisches Fanal wird ihm zur Orgel, eine Vogelscheuche zum Äolsxylophon [2] und ein Reispflanzerstab zur abgestimmten Rassel [3].

Die indonesische Querflöte kann an Vielgestaltigkeit mit der hinterindischen nicht in Wettbewerb treten. Es handelt sich fast stets um die gewöhnliche Bambusflöte mit sechs Grifflöchern. Ein einziger Typus hebt sich heraus: eine Flöte ohne Grifflöcher, an beiden Enden offen, mit einem viereckigen Mundloch in der Mitte; ihr Ton läßt sich vertiefen, indem ein oder beide Enden mit dem Finger zugehalten werden [4]. Das Exemplar vom Südwesten der Insel Tîmor, das unser Museum besitzt, steht nicht vereinzelt da; der gleiche seltsame Typus begegnet bei den Batak auf Sumâtra [5] sowie im Westen und im Norden von Neuguinea; das altchinesische Č'ih ist vom gleichen Blut, aber durch Annahme von Grifflöchern zu beiden Seiten des Mundlochs fortentwickelt.

Längs- und Querflöten haben eins gemeinsam: der Spieler ist gezwungen, dem Luftstrom, der gegen die scharfe Kante

[1] Skeat and Blagden, Pagan Races of the Malay Peninsula, London 1906, II, 143, 170 f.

[2] Auf Schrank 129.

[3] Schrank 71. — Diese Reispflanzerstäbe, bei denen aus der Stangenbekrönung ein innerhalb einer Führung beweglicher, aber nicht entfernbarer Klotz so ausgeschnitzt ist, daß er beim Aufstoßen des Stabes oben und unten mit Geräusch anschlägt, haben Analoga in skytischen Stangenbekrönungen aus vorrömischer Zeit, die in Südrußland, Rumänien und Ungarn ausgegraben worden sind; auch Altchina kannte sie.

[4] Schrank 82.

[5] Encyclopædie van Nederlandsch Indië II, 633.

geführt werden soll, selbst die Richtung und die feine Bandform zu geben. Demgegenüber ist eine spätere Zeit auf den Gedanken gekommen, in der einen oder andern Weise einen Spalt oder Kanal anzulegen, der die eingeblasene Luft in der erforderlichen Richtung und Form der Kante zuführt. Die ethnologische Literatur nennt solche Flöten in der Regel Flageoletts; da aber dieser weite Begriff des Wortes mit dem sehr engen in der europäischen Musikwissenschaft kollidiert, möchten wir statt dessen den Namen Spaltflöte einführen.

In der Tat ist der Spieler jeder Schwierigkeit enthoben; er braucht überhaupt nicht mehr im musikalischen Sinn zu blasen, sondern nur noch in die Spaltöffnung zu »pusten«. Aber eben dadurch, daß er nicht mehr Herr über den Luftstrom ist, daß er ihn nicht willkürlich lenken und formen kann, begibt er sich auch der Herrschaft über das Instrument: die Spaltflöte steht der spaltlosen Flöte an Ausdrucksfähigkeit nach. Das ist der Grund, warum in Europa um die Mitte des 18. Jahrhunderts die an sich sehr reizvolle Schnabelflöte der vervollkommneten Querflöte weichen mußte.

Die indischen Länder liefern ein ideales Material für die Entwicklung der Spaltflöte von den unbeholfensten Anfängen bis zur reifen Schnabelflöte. Eine Unzahl von Lösungen sind versucht worden. Auf Borneo (Westen *bikut*, See-Dâyak *bumbun*) [1] und in den malaiischen Schutzstaaten Siams (*bulu decot*) [2] hat sich eine komplizierte Taubenlockpfeife erhalten. Die eigentliche Pfeife, die nur etwa einen halben Meter lang ist, liegt am Boden; auf ein einfaches Hölzchen gestützt, steigt von ihr im spitzen Winkel eine zweite, über zwei Meter lange Röhre zum Munde des Bläsers auf. Dieser gibt ihr seinen Atem, und die Röhre führt ihn in der gewünschten Richtung und Form dem Aufschnitt der Pfeife zu. Man könnte sich gut vorstellen, daß das Hantieren mit einem Lötrohr oder sonst mit einem Tubus zum Anblasen des Feuers Prinzip und Form geliefert hat; der Zufall, daß der Wind einer solchen Röhre eine Schneide trifft, ist naheliegend genug.

Es leuchtet ein, daß ein so ungefüger Apparat nur dann herzustellen ist, wenn keine Grifflöcher vorhanden sind. Bei

---

[1] Exemplare im Rijks Ethnogr. Museum zu Leiden Nr. 1530/100—101 und im Museum zu Sarawak Nr. 686, 1035. — Ling Roth, The Natives of Sarawak and British North Borneo I, 444 f. — R. Shelford, An illustrated Catalogue of the Ethnographical Collection of the Sarawak Museum. Part I: Musical Instruments. Jour. of the Straits Branch R. A. S. 1904, p. 30 ff. und Taf. VIII, fig. 9, 10.

[2] H. Balfour, Report on a Collection of Musical Instruments from the Siamese Malay States and Perak, in Fasciculi malayenses, Anthropology Part II a, Liverpool 1904, p. 16.

der eigentlichen Grifflochflöte ist er nicht verwendbar. Statt seiner wird bei allen primitiven Spaltflöten vom Brahmâputra bis zur Südsee der Kanal dadurch gebildet, daß ein Ring aus Rôtaṅ oder Palmblatt für immer oder erst unmittelbar vor dem Spiel übergestreift wird. Innerhalb der malaiischen Zone, d. h. im Archipel und auf Malâka, geschieht das in der Weise, daß man auf derjenigen Seite, in der der Aufschnitt sitzt, vom Oberende bis zum Aufschnitt ein Stück der Wand abschabt; wird jetzt der Ring übergestreift, so bildet sich zwischen ihm und der abgeschabten Wand eine Rinne, die den Atem bequem der Aufschnittkante entgegenführt [1]. Dieses Band, das zur besseren Befestigung häufig noch einmal an der Flöte abwärtsgezogen und abermals herumgeschlungen wird, dient nicht etwa zur Sicherung des Materials [Abb. 100].

Abb. 100. Malaiische Rohrbandflöte. 1:11.

Tîmor, Flores und Goroṅ, die immer wieder durch ihre eigenartigen Instrumente interessieren, stellen auch hier ein etwas abweichendes System [2]. Die Flöte endet oben nicht mit dem Wachstumsknoten; ein Stück der Fortsetzung bleibt stehen. Diesseits und jenseits des Nodiums ist nun je ein Loch eingebohrt und die Wand zwischen ihnen ebengeschabt. Bedeckt ein Blattring das obere Loch und die Wandabschabung, so kann der Bläser mit aller Sicherheit den Atem in das offene Oberende schicken; der Wind muß an dem Teilungsknoten Halt machen, einen Ausweg durch das — obere — Seitenloch suchen und sich durch die Rinne zwischen Ring und Wand dem zweiten, als Aufschnitt dienenden Loch zutreiben lassen.

In Birma (*pu-lve*), den angrenzenden Teilen Ostbengalens und auf den Nikobaren herrscht das gleiche System in etwas mehr künstlicher, aber einfacher Durchführung. Das Rohr wird so geschnitten, daß ein Knoten überhaupt nicht mitkommt. An seiner Stelle wird eine Scheidewand aus Wachs eingeführt. An der gleichen Stelle wird die Wand wie bei der Querflöte geöffnet, in der Weise, daß die eine Lochhälfte auf diese, die andere auf jene Seite der Scheidewand trifft. Beim Überstreifen des Ringes entsteht genau die Form der Flötenpfeife in der europäischen Orgel: durch die »Kernspalte« zwischen dem dreieckigen »Kern« und dem »Vorschlag« strömt der Wind gegen den Aufschnitt.

[1] Gute Abbildungen bei v. Hornbostel in S. Hagen, Die Orang-Kubu auf Sumatra, Frankf. a. M. 1908, Fig. 11.

[2] Schrank 82.

Häufig wird diese improvisierte Spalte durch eine dauerhafte ersetzt; mit Wachs oder Harz wird ein halbes oder ganzes Röhrchen zwischen Oberende und Aufschnitt außen vor die Wand geklebt. In dieser soliden Form kehrt die Nodiumflöte von Tîmor, Flores und Goroṅ in Bhutân [1] wieder; der Teilungsknoten und die Löcher an seinen beiden Seiten sind geblieben; statt des Blattringes aber ist mit Wachs eine feine Röhre aufgeklebt.

Einen Schritt weiter führt eine Pfeife von Borneo (*bulo vok*) [2]. Nur die zweite Hälfte des Kanals ist durch eine aufgeklebte Rinne hergestellt; die erste dagegen ist in die Wand selbst gebohrt. Hier ist der Übergang zu der moderneren, herrschenden Form der Innenspaltflöte. Auf alles Umbinden und Ankleben wird nunmehr verzichtet. Es wird in das Oberende ein festschließender Weichholzkern eingesetzt; an der Seite des Aufschnitts trägt man ein geringes von seiner Rundung ab, so daß hier zwischen Kern und Wand ein schmaler Schacht, die »Kernspalte«, entsteht. Unter den veränderten Verhältnissen muß auch der Aufschnitt eine Änderung erfahren. Der Zuführungskanal ist um die Stärke der Wand nach innen gerückt; also muß auch die Aufschnittkante nach innen rücken, um getroffen werden zu können. Daher fällt der Unterrand des Aufschnitts nach außen hin ab, so daß die Schärfe an der Innenseite sitzt. Um der Bequemlichkeit des Spielers noch mehr entgegenzukommen, wird häufig das Oberende samt dem Kern schnabelartig zugeschärft; der Bläser steckt dann den Schnabel in den Mund.

Wenn Vorderindien für diese beiden Formen, die nicht zugeschärfte und die zugeschärfte Flöte [3], zwei Namen hat, für die eine den indischen *sârala-vâṃśî*, für die andere den arabischen *alghôza* (vulg. hindûst. *algoĵa*, kann. *alugôĵi*), so beleuchtet es das zeitliche und das räumliche Verhältnis beider Arten. Das Land hat die eigentliche Schnabelflöte offenbar erst in späterer Zeit von Vorderasien erhalten. Daher ist sie auch im Grenzland der Fünf Ströme am stärksten vertreten.

Diese panĵâbische Schnabelflöte (*bâṅsurî*, *nây*) [4] interessiert durch ihre »Halbdackung«. Der Wachstumsknoten des Bambus »dackt« das Unterende, ist aber in der Mitte durchbohrt. Der Klang wird noch milder als der der offenen Flöte und der Ton tiefer, ohne jedoch den der ganzgedackten

[1] Schrank 34.

[2] Exemplare im Museum zu Sarawak Nr. 1289/90.

[3] Schrank 19.

[4] Schrank 28.

zu erreichen. Wie bei dieser sind die Grifflöcher dem Unterende eng benachbart. Die europäische Orgel besitzt entsprechend gebaute Pfeifen unter dem Namen Rohrflöten.

Während die Innenspaltflöte in Vorderindien Alleinherrscherin ist, steht sie im Archipel hinter der Außenspaltflöte zurück. In Hinterindien (annam. *cai sao*, kamboj. *kluī*) gehört ihr der chinesisch beeinflußte Osten. Das mitschwingende Häutchen, das wir schon bei den Querflöten des Landes kennengelernt haben, ist auch seinen Spaltflöten eigen.

Schalmeien.

Die Flöten — um es zu wiederholen — sind nach dem Prinzip gebaut, die von der Röhre begrenzte Luftsäule durch einen Windstrom in Schwingung zu versetzen, der von einer Schneide periodisch nach innen und außen abgelenkt wird. Im Gegensatz hierzu werden diese Verdichtungsanstöße bei den Schalmeien dadurch herbeigeführt, daß der Wind durch das abwechselnde Öffnen und Schließen elastischer Blättchen, »Zungen«, in periodischer Unterbrechung auf die Luftsäule wirken kann. Das Öffnen und Schließen erfolgt seinerseits durch die Wechselwirkung der abbiegenden Kraft des zuströmenden Windes und die Elastizität der Zungen.

Die Zunge tritt in vielerlei Formen auf; die wichtigsten sind die der gegenschlagenden, der aufschlagenden und der durchschlagenden Zunge [Abb. 101]. Die Gegenschlagzunge, dem europäischen Musiker von Oboe und Fagott her bekannt, besteht in ihrer typischen Form aus zwei aufeinandergepaßten Rohr- oder Palmblattlamellen, die unten zu einem kreisrunden Kanal zusammengebunden sind, oben dagegen eine flach-linsenförmige Spalte bilden. Unter dem Einfluß verdichteter Luft wird die Spalte abwechselnd geschlossen und geöffnet, der Wind also abgesperrt oder zugelassen. Eine solche Zunge heißt in der Sprache des praktischen Musikers »Doppelrohrblatt« oder »Rohr«.

Der Anblasemechanismus der Klarinetten und Saxophone ist die aufschlagende Zunge, in der Musikersprache »einfaches Rohrblatt« oder »Blatt« genannt. Der Schnabel des Instruments ist seitlich geöffnet; eine an dieser Stelle aufgebundene Rohrlamelle erlaubt und verbietet abwechselnd den Zutritt des Windes, wenn sie, angeblasen, schwingt.

Ihr ähnelt die durchschlagende Zunge insoweit, als auch sie eine seitliche Wandöffnung verschließt. Sie ist indessen nicht außen aufgebunden, so daß ihre Ausschläge auf der einen Seite durch die Instrumentenwand begrenzt würden,

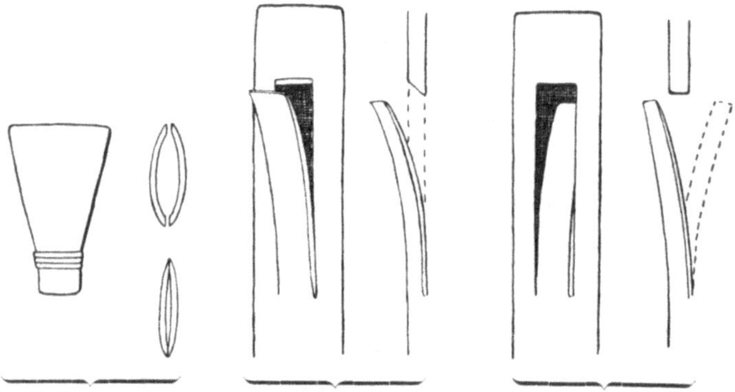

Abb. 101. Schema der drei Schalmeienzungen.

sondern genau in die Wandöffnung eingepaßt; daher schwingt sie frei zwischen den Lochrändern ein und aus. Der europäische Instrumentenbau verwendet sie beim Harmonium, bei der Zieh- und der Mundharmonika usw.

Die indischen Schalmeien mit Gegenschlagzungen, die von der Instrumentenkunde nach europäischer Analogie Oboen genannt werden, stehen fast ausschließlich im Zeichen der westasiatischen Kultur. Schon die einfache nordindische Bambusoboe [1], nach ihrem schreibrohrähnlich abgeschnittenen Unterende *kalama* — von arabisch *qalam* »Schreibrohr« — genannt, weist nach Vorderasien hin. Nebenbei bemerkt handelt es sich hier um den gleichen Wortstamm wie im deutschen *schalmei*.

Mit ihrem Zurnâ haben die Perser einen Instrumententypus geschaffen, dessen Missionskraft noch energischer gewesen ist als die des Qorân und des Krummsäbels. Alles Land von den Küsten des Atlantischen Ozeans bis hinüber zu denen des Stillen hat es sich unterworfen, und unsere moderne Oboe selbst ist sein Kind. Die nach Osten hin abgewanderte Deszendenz des Zurnâ hat als Charakteristikum einen besonderen, angesetzten Schallbecher aus Holz oder Metall, der dazu bestimmt ist, den Ton runder und voller zu machen. Leider haben sich die Ethnologen oft durch diesen Metall-

[1] Schrank 19.

trichter verleiten lassen, das Instrument »Trompete« zu taufen, eine Bezeichnung, die hier etwa so anmutet, als wenn die Chinesen ihres Zopfes wegen anthropologisch zu den Frauen gerechnet würden.

Die vorderindischen Oboentypen zeigen deutlich die Einwanderung von Persien her [Abb. 102]. Die hindûstânischen (sanskr. bengal. *sânâyî*, *sânêyî*, hindûst. hindî *śahnâî*, *sárnâ*, *surnâ*, pañj. *surnâî*) halten sich in mäßiger Größe, etwa 30 bis 40 cm, von denen ein Drittel auf das nur bescheiden ausladende Schallstück kommt. Das Oberende ist von einer Kuppel bekrönt, deren Umriß wir von den indopersischen Moscheen her kennen. Zwischen dem »Rohr« und dieser Kuppel sitzt wie bei allen außereuropäischen Oboen eine kreisrunde Scheibe zum Aufstützen der Lippen [1]. Die Art, wie wir beim Oboeblasen das feine Rohr mit den Lippen fassen und wie wir durch verschiedenen Druck Einfluß auf die Tongebung gewinnen, ist dem orientalischen Bläser unbekannt. Er steckt das Rohr ganz in den Mund und stützt die Lippen auf jene Platte. Die Mundhöhle wird auf diese Weise zu einem Windmagazin gemacht, wie es die Kanzellen unserer Orgel, die Mundstückkapseln der älteren europäischen Oboeninstrumente und der Sack der Sackpfeife sind. Der Spieler hat den Vorteil, unbekümmert durch die Nase atmen zu können und mit der Mundhöhle, die aus dem regelmäßigen Atmungsapparat ausgeschaltet ist, das Instrument dauernd zu speisen, ohne Atempausen zu benötigen. Dafür kann er aber weder die Klangfarbe noch die Tonstärke ändern, und dies im Verein mit dem gröberen, steiferen Rohr gibt der asiatischen und afrikanischen Oboe die in ihrer Einförmigkeit unerträgliche Schärfe. Während die Oboe in Europa ihrer Feinheit wegen ganz zur Innenraummusik übergegangen, von den Militärkapellen aber als unbrauchbar abgestoßen ist, dient sie im Orient ausschließlich im Freien, weil sie für intimere Wirkungen zu grell ist.

Abb. 102. Nordindische Oboe (*sânâyî*). 1:11.

Je weiter die Oboe nach Süden vordringt, desto mehr entfernt sie sich von dem persischen Vorbild. Die Kuppelform des Aufsatzes verschwindet, der Schallbecher wird niedriger, die Grifflochzahl erhöht sich von sieben auf acht, und unten treten noch rechts und links je zwei Stimmlöcher hinzu. Ist im Norden der Schallbecher in der Regel aus Blech gebogen, so wird er im Süden in schwerem Guß hergestellt; ist er hölzern, so täuscht er die akustisch wirksame Ausladung nur

---

[1] Schrank 19.

im äußeren Umriß vor, ohne den Kanal zu erweitern. Die Größen der nördlichen Oboen verändern sich nur in geringen Grenzen; die südlichen werden in zwei streng geschiedenen Größen hergestellt, einer kleineren (*mukavina*, khâṇḍâ *mohori*, ôḍiyâ *mâhurî*), ca. 25 cm hoch, die heute leider schon vielfach durch die europäische Klarinette ersetzt wird, und einer großen (tamiḷ *nâgašuram*, malayâḷam *nâgasuram*, kannaṛ. *nâgasvara*, tulu *nâgasara*, *nâgasvara*, marâṭhî *nâgsar*, *nâgsûr*, telugu *nâgasaramu*, hind. *nâgesar*), ca. 60 cm hoch. In Ceylon (*horaṇêva*) entfernt sich das Gesamtbild durch eine bunte Übermalung des Holzteils [1] noch mehr vom Persischen. Alle südindischen Stücke gewinnen ein freundliches, festliches Aussehen durch einen reichen Behang bunter Schnüre und Quasten, in die man Rohre zum Auswechseln und Nadeln zum Auftreiben zusammengeklebter Rohre eingeknotet hat.

Neben diesen Oboen stehen andere, die *Śruti* (hind. *sur*), Instrumente völlig gleicher Art, deren Seitenlöcher aber bis auf eins mit Wachs verstopft werden [2]. Sie dienen dazu, gleich den Stimmern unserer Sackpfeifen die Melodie mit einem unveränderlichen Baßton — Bordun — zu begleiten. Ganz wie bei der Sackpfeife ist dieser Baß der Grundton des Modus, wenn nur eine Bordunoboe vorhanden ist, und Grundton nebst Dominante bei zweien. Überwiegend wird das Borduninstrument von einem eigenen Spieler geblasen; es kommen aber in Hindûstân Doppeloboen vor, die unter Vermittlung eines dreieckigen Zwischenstücks ein Melodie- und ein Borduninstrument im spitzen Winkel vereinigen und einem einzigen Bläser überlassen [3]. Von solchen Doppelinstrumenten wird später im Zusammenhang die Rede sein.

Auch der westliche Archipel hat seine Oboen von Westen her erhalten. Die Gruppe (atjeh *srune*, batak. *sarune*, javan. *sruni*, dâyak. *sĕrunai*) ist eine entartete Familie vom Stamme des Zurnâ, mit schlankem Bambus- oder Jacqueiraholzkörper und ängstlich magerem Holzschallstück. Für den Tempeldienst haben Java und das benachbarte Bali nebst Lombok häufig das Schallstück durch einen unverhältnismäßig großen, phantastisch geschnitzten und bemalten Drachen [4] oder durch eine bunte Pappmaske ersetzt [Abb. 103]. Eine hübsche Illustration dafür, daß die Oboe fremder Import war und in die einheimische Musik zunächst nicht recht paßte, ist ein Museumsstück von den Toba-Batak [5]: von

[1] Schrank 4 b.
[2] Schrank 4.
[3] Schrank 19. — Abb. in C. Sachs, Reallexikon der Musikinstrumente, Berlin 1913, p. 330.
[4] Schrank 74.
[5] Schrank 64.

seinen sieben vorderständigen Grifflöchern ist das viertunterste mit Wachs verklebt; dem Instrument ist also die dem alten fünfstufigen Tonsystem des Landes fremde Quarte genommen.

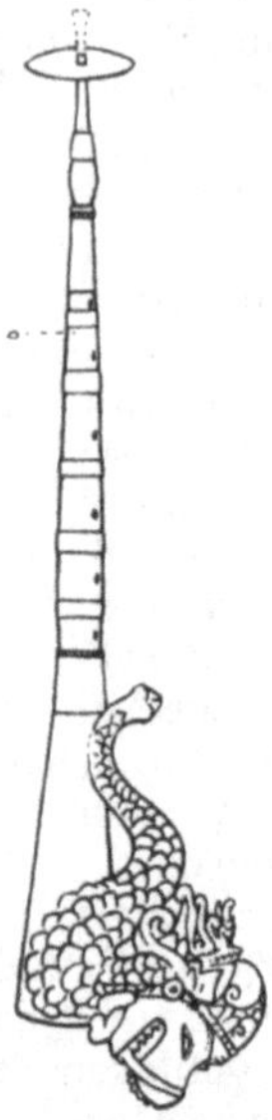

Abb. 103. Javanische Maskenoboe (*sruni*). 1 : 8.

Vom Archipel her ist der Zurnâtypus nach dem südlichen und mittleren Hinterindien gekommen. Die Siamesen nennen ihn geradezu *pi čava* (spr. tschawa), die »javanische Oboe«. Auch der kambojanische Name *sralai* und der malaiische *sernei* zeigen noch deutlich den Zusammenhang mit Indonesien.

Dagegen haben die oft gewaltig großen, mit Blechschallstücken versehenen Oboen Birmas (*hnè*, *kayá*) sicher nicht den Umweg über den Archipel gemacht [Abb. 1 u. 2]. Sie kommen offenbar direkt vom Westen und haben sich im Lande die Stellung eines Hauptinstruments erobert; man bläst sie in dem Maße, daß der Spieler einen besonderen Hintermann (*nauktaiṅ*) braucht, um sich im Fall der Ermüdung auf ihn zu stützen [1].

Im Gegensatz zum Pi čava steht das *Pi òrh*, das nur in Siam und in Kamboja — hier ebenfalls unter dem Namen *sralai* — vorkommt und zurzeit noch nicht an eine andere Gruppe angeschlossen werden kann [2]. Es hat mit dem Zurnâ nichts mehr zu tun; eine Trennung von Hauptkörper und Schallstück existiert nicht; statt ihrer ist aus einem einzigen Stück Holz ein bauchiger, dicker, für die Faust gearbeiteter Körper gedreht, dessen konische Bohrung nicht becherartig erweitert wird, und dessen sechs vorderständige Grifflöcher in zwei Gruppen von vier und zwei angeordnet sind [Abb. 104]. Angeblich sollen als Material auch Elfenbein und — wie bei den alten chinesischen Flöten — auch Marmor vorkommen [3].

Abb. 104. Siamesische Oboe (*pi òrh*). 1 : 11.

Annam und Tonkin besitzen ebenfalls den Zurnâtypus (*cai ken*), ebenso die Atjeh auf Sumâtra (*srunè*), freilich mit

[1] J. Nisbet, Burma under British Rule — and before, Westminster 1901, II 304.

[2] Schrank 55.

[3] Notes on Siamese Musical Instruments, London 1885, p. 17.

den Stilveränderungen, die er in China hat erleiden müssen. Das ganze Profil erweitert sich in allmählichem Bogen von der Lippenscheibe ab bis zum Unterrand des Schallstücks, und jedes Griffloch sitzt in einer rund herum ausgedrehten Vertiefung, so daß die ganze Röhre knorpelig wirkt. Wie in China, ist auch hier die Oboe ausschließlich Trauerinstrument.

Leider werden diese Oboen, soweit nicht die noch verkehrteren Bezeichnungen »Flöte« oder »Trompete« in Anwendung kommen, in den Sammlungen und Reiseberichten fast immer als Klarinetten aufgeführt. Niemals aber darf eine Schalmei mit Doppelrohrblatt (»Gegenschlagzungen«) diesen Namen erhalten, der einzig den Schalmeien mit aufschlagender Zunge (»einfachem Rohrblatt«) zukommt. Die Klarinetten der exotischen Völker mit Einschluß der alten europäischen Volksklarinetten unterscheiden sich in einem wesentlichen Punkte von den europäischen Kunstklarinetten. Bei diesen wird eine fremde Rohrzunge aufgebunden. Jene sind »idioglott«; drei in schrägen Ebenen, d. h. nicht radial durch die Röhrenwand gelegte Schnitte stellen gleichzeitig die Öffnung und die Zunge her, oder — anders ausgedrückt — die Zunge ist derart geschnitten, daß sie auf eine von drei Seiten abgeschrägte Leibung paßt. Die exotische Zunge ist deshalb im Verhältnis wesentlich schmaler als unser europäisches Klarinettenblatt.

Vom Anblasen der indischen wie aller exotischen Klarinetten gilt das gleiche, was wir bei Besprechung der Oboen hervorgehoben haben. Das Blatt wird nicht mit den Lippen oder Zähnen gefaßt und nicht unmittelbar angeblasen; um das Spiel in unbegrenzter Ausdehnung unabhängig vom Atembedürfnis des Bläsers zu machen, läßt man — genau wie es bei unserer Orgel geschieht — die Zunge unbehindert innerhalb einer Windkammer schwingen und speist diese nach Bedarf. Im Ausgang steht die bautechnisch einfachste und blastechnisch komplizierteste Klarinette, wie sie Vorderindien in der schlanken Bambusklarinette Bengalens (*muralî*, hind. *murlî*, poet. *muraliyâ*) gibt. Eine künstliche Windkammer fehlt noch ebenso wie in den altägyptischen (*as-it*) und ihren arabischen Nachkommen *Zummâra*, *Arghûl* und *Maṣhûra*; als Windkammer dient die Mundhöhle selbst; sie aus dem regelmäßig weiterarbeitenden Atmungsapparat auszuschalten und nur dann und wann aufzufüllen, ist die schwierige Aufgabe des Spielers.

Er hat es leichter, wenn die Zunge in einen künstlich hergestellten Magazinraum eingeschlossen wird, der mehr verdichtete Luft faßt, als im Augenblick benötigt wird, und daher durch ruhige Mundausatmung gebrauchsfertig gehalten wird. Eine offenbar sehr alte, vielleicht die älteste Lösung ist in einem sehr seltenen Stück unserer Ceylonsammlung verkörpert. Der Verfertiger hat die gewöhnliche schlanke Klarinette in ein dickeres, zur Hälfte rinnenartig zurechtgeschnittenes Bambussegment eingepaßt; die Rückseite ist in die offene Rinne gebettet, um ein Abbrechen zu verhüten, und das Kopfende mit der Zunge ragt in den unversehrten Teil des Bambusköchers hinein, ist mit Wachs abgedichtet und ruht nun in einer kleinen Windkammer, die von der Wandung und dem Verschlußknoten gebildet wird; das Anblasen geschieht durch ein kleines Loch im Nodium. Diese archaische Magazinklarinette hat sich den Weg nach Westen gebahnt und ist durch das Mittelmeer und den Atlantischen Ozean bis nach Großbritannien gedrungen. Sie lebt noch mit ihrem Rinnenbett und ihrer Windkammer, die heute aus einem Tierhorn hergestellt wird, im griechischen Archipel, bei den Basken (*alboquea*) und in Wales (*pibcorn*, *hornpipe*).

Abb 105. Nordindische Doppelklarinette (*tiktirî*). 1:11.

Je größer der Windbehälter ist, um so leichter seine Nachfüllung, um so bequemer das Spiel. Daher wohl ist die alte Klarinette mit Bambusmagazin überholt worden von der einförmig scharfklingenden Doppelklarinette mit großem Kürbisreservoir, die heute in ganz Vorderindien vom Pañjâb hinunter bis nach Ceylon das herrschende Lockinstrument der Schlangenbändiger, der unentbehrliche Begleiter jeder Schlangenbeschwörung ist (sanskr. *tiktirî*, pañjâbî *bînjôgî*, tamiḷ *pâmbunâgašuram*, telugu *pâmulanâgasaramu*, hindûst. *pûṅgî*, *pâṅgṛâ* [von *poṅgâ*, »hohl«], *toṅbî*, *tûṅbî*). Zwei spannenlange Bambusröhren sind aneinandergeklebt oder -gebunden; in jede ist oben ein dünneres Röhrchen mit der Zunge gesteckt. An diesen Enden sind die Röhren in den Bauch einer flaschenförmigen Kalebasse versenkt und mit Wachs abgedichtet. Der Spieler nimmt den durchbohrten Flaschenhals in den Mund und bedient mit den Händen die Grifflöcher; die rechte Pfeife mit ihren sieben bis neun Löchern gibt die Melodie, während die linke, deren Löcher bis auf eins mit Wachs verstopft werden, einen einzigen Ton als liegenden Baß aushält [Abb. 105 u. 106]. Der Modus ist stets Hanumatôdi[1],

[1] C. R. Day, The Music and Musical Instruments of Southern India and the Deccan, London-New-York 1891, p. 145. — Zwei Proben

unserer Kirchentonart Phrygisch entsprechend, mit kleiner Sekunde, Terz, Sext und Septime.

Man ist schließlich in der Vergrößerung des Windbehälters noch weiter gegangen. Um aber Handhabung und Transport nicht zu erschweren, hat man das harte Material durch biegsames ersetzt und damit gleichzeitig die Möglichkeit gewonnen, die Luft in dem nicht mehr ganz gefüllten Magazin durch einfaches Pressen mit dem Ellbogen statt durch Neuaufblasen zu verdichten. Das so entstandene Instrument ist die Sackpfeife, die wahrscheinlich in Vorderindien ihren Ursprung hat. In ihrer südindischen Form (*śruti-upâṅga*, *bajânâ-śruti*, telugu kannar. malayâḷam tulu *titti*) besteht sie aus einer kurzen Mundröhre, einem Ziegenledersack und einer gewöhnlichen Klarinette mit Seitenlöchern; zwischen Klarinette und Sack ist ein dickeres Bambusglied als Windkammer im engeren Sinn eingeschaltet, das auf den entwicklungsgeschichtlichen Zusammenhang mit der ersterwähnten Magazinklarinette von Ceylon hinweist. Kenner unserer Orgel wird es interessieren, daß die Stimmkrücke der Rohrwerke schon hier in einem feinen, über die Zunge gestreiften Draht oder Faden vorgebildet ist. Während bei der südindischen Sackpfeife jeweils nur ein Ton benutzt wird, das Instrument also ein Bordun ist, dient die nordindische Sackpfeife (sanskr. ***nâgabaddha***, hindûst. ***mašak***) als Melodieklarinette; gelegentlich ist ihr noch eine zweite Klarinette als Bordun beigegeben. Die Bedeutung der Sackpfeife ist auch

Abb. 106. Schlangenbeschwörer mit Pâmbunâgašuram.
Nach einem tamilischen Bilderbuch.

---

von Pûṅgî-Musik stehen in O. Abraham und E. M. v. Hornbostel, Phonographierte indische Melodien, Sammelbände der Internationalen Musikgesellschaft V 363. Der Bordun war wohl bei der Aufnahme verstimmt; wenn man statt *g'* als Baßton *fis'* konjiziert, stehen die Stücke vorschriftsmäßig in Hanumatôdi, und der Bordun rückt aus der den Verfassern selbst verdächtigen Untersexte in die Unteroktave.

dem Laien bekannt. Das Instrument ist im Osten bis nach Birma (*mušag* [?]) hinübergelangt, westlich bereits in der Kaiserzeit nach dem römischen Reich und später wohl auf zwei getrennten Straßen — zum Teil durch die Zigeuner — bis nach Nordeuropa gebracht worden, und wenngleich es überall in den Hintergrund gedrängt worden ist, so hat es dennoch in Gegenden mit starker nationaler Eigenart, auf der Balkanhalbinsel, im süditalienischen Bergland, im nordwestlichen Spanien und vor allem bei den Kelten von der Bretagne bis nach Irland und Schottland hinauf seinen Platz behauptet.

Neuerdings ist bei uns das alte orientalische System des dauernd unter Druck gehaltenen Windmagazins mit dem modern-abendländischen des unmittelbaren Packens und Anblasens der Zunge verschmolzen worden. Der 1912 in Deutschland patentierte Samuelssche Aerophor hat dazu die Möglichkeit gegeben: ein mit dem Fuß betriebener Balg schickt den Wind durch einen Schlauch in die Mundhöhle des Spielers, während dieser unbekümmert durch die Nase ein- und ausatmet und die Möglichkeit gewinnt, ohne Lungenanstrengung unbeschränkte Zeit das Instrument mit dem künstlichen Wind aus seinem beliebig nachfüllbaren Mund zu speisen und dabei das Rohrblatt mit Lippen und Zähnen zu regieren.

Auf hinterindischem Boden ist die nach Birma gebrachte Sackpfeife der einzige Vertreter der Klarinettenfamilie. Die aufschlagende Zunge ist der ganzen Halbinsel unbekannt.

Erst im Archipel findet man wieder Klarinetten. Sie sind dort recht eigenartig in der Faktur: ein kurzer und magerer Körper aus geschältem Bambus, gewöhnlich drei oder vier kleine Grifflöcher in der abgeplatteten Vorderseite, die schmale Zunge in einem besonderen Einsteckröhrchen, und der ganze Apparat auf einem unverhältnismäßig großen Schallbecher aus spiralig zusammengerollten Pandanus- oder Lontarablättern. So konnten wir sie bisher auf Nîas (*sigu mbava*) — wohl immer ohne Schallstück [1] —, Sumâtra (*pupui*), Zentral-Celébes [2], Tîmor (*mots*) und Flores (*bañsi*) [3] nachweisen [Abb. 107]. Es ist interessant, daß genau der gleiche Typus in Rußland (*brelka, žaljeika*) begegnet.

Der spiralige Blattrichter kommt in Indien auch ohne Klarinette als selbständiges Musikinstrument vor. So lärmen in Hindûstân die Kinder beim Lampenfest, zu Ehren der

---

[1] Zwei Exemplare im Rijks Ethnogr. Museum zu Leiden Nr. 1002/1003. — Modigliani, Un viaggio a Nias, Milano 1890, p. 569, fig. 144.

[2] Encyclopædie van Nederlandsch Indië II 635.

[3] Schrank 82.

finsternisbesiegenden Durgâ, auf kegelig zusammengerollten Dattelpalmblättern (*tûtî*, der persische Name eines kleinen Singvogels), und Stücke gleicher Form (*piau*) hat uns A. Maaß von den Mĕntâvei-Inseln mitgebracht. Wie mir Herr Prof. Dr. Maaß mitteilt, werden die von Mĕntâvei — also jedenfalls auch die hindûstânischen — als Zungeninstrumente behandelt; ihr Klang ist hoch und scharf-quiekend. Es ist nicht ganz ausgemacht, was für eine Art Zunge hier anzunehmen ist; vermutlich wird beim Blasen das Oberende zwischen den Fingern plattgedrückt, so daß ein Paar Gegenschlagzungen entsteht. Als Oboen dürften die Blattkegel dennoch nicht angesprochen werden; sie gehören vielmehr in die Kategorie der freien Zungen mit Aufsatz, von denen gleich die Rede sein wird.

Abb. 107. Klarinette von Flores (*bańsi*). 1:11.

Den Oboen und den Klarinetten schließt sich als dritte Familie diejenige der Schalmeien mit durchschlagender Zunge an. Eine knappe Bezeichnung fehlt für sie. Sie stehen entwicklungsgeschichtlich höher als die Klarinetten, weil ihre Zunge nicht aus dem Instrument selbst herausgeschnitten werden kann. Eine Lamelle von der Stärke der Röhrenwand wäre nicht elastisch genug, um ein- und auszuschwingen. Man ist daher darauf angewiesen, eine möglichst leichte und deshalb gewöhnlich spitz zugeschnittene Zunge aus fremdem Rohr oder, in einem reiferen Stadium, aus biegsamem Blech aufzukleben. Die Klangfarbe ist, wie wir ja von unseren ähnlich konstruierten Orgel- und Harmoniumstimmen wissen, sehr verschieden und richtet sich durchaus nach der Größe, Form, Schwere und Elastizität der Zunge und nach den Maßen der Schalmei selbst. Von silbriger Feinheit bis zu kreischender Schärfe gibt die durchschlagende Zunge alle Farbenstufen her.

Vorderindien fällt diesmal ganz aus. Ebenso wie für die Bambusmaultrommel läuft auch für die Durchschlagzunge die Westgrenze durch das Tal des Brahmâputra. Mit Ausnahme der annamitisch-tonkinesischen Küste und Malăkas verwendet die ganze Halbinsel das Prinzip der freischwingenden Zunge. Nach den Überlieferungen der ostasiatischen Völker sowie nach dem Eindruck, den die Verbreitung dieses Klangapparats macht, scheint als Ursprungsland Lâo in erster Linie in Frage zu kommen. Die typische Form ist auch hier die einer Rohrpfeife mit dem Verschlußknoten am Oberende und mit Grifflöchern. Im Archipel kommen ganz ähnliche vor; das Museum besitzt z. B. eine von Borneo. In den Sammlungen ist die Diagnose nicht immer leicht, weil die schwache, in der Regel nur mit Wachs angeklebte Zunge leicht herausbricht und dann eine schmale Öffnung hinterläßt, die auf den ersten Blick wie der Aufschnitt einer Flöte aussieht.

Die wilden Stämme in Kamboja, Oberbirma und Obersiam lieben es, die Zunge in die konkave Seite eines Rinderhorns zu montieren [1], so daß gerade wie bei unserer modernen Automobilhupe und bei vielen Nachtwächterhörnern ein Trompeteninstrument vorgespiegelt wird [Abb. 108]. Diese Zungenhörner kann man allerdings nicht mehr als Schalmeien bezeichnen.

Abb. 108. Kambojanisches Zungenhorn. 1 : 11.

Es liegt hier ein anderes akustisches Bild vor. Bei allen Zungeninstrumenten, soweit sie hier in Betracht kommen, stehen zwei schwingende Luftmassen in lebendigem Austausch; die eine ist in der Röhre eingeschlossen, die andere kommt vom Anblasenden her und wird durch die Zunge in eine Reihe von Windstößen zerlegt. Bei allen Zungeninstrumenten, die wir bisher gesehen und die wir als Schalmeien bezeichnet haben, stehen Zunge und Röhre in einem derartigen Stärkeverhältnis zueinander, daß der Anblasewind Diener, die eingeschlossene Luftsäule Herr ist. Die Schwingungen des Anblaswindes werden akustisch nicht wirksam und setzen nur die eingeschlossene Luftsäule in Schwingung. Die Frequenz dieser letzteren, also die Tonhöhe, ist von den Maßen der Röhre abhängig und kann daher durch Grifflöcher verändert werden. Bei den andern Zungeninstrumenten hat sich das Verhältnis umgekehrt. Im Wettstreit zwischen Zunge und Röhre ist die erste siegreich. Der zuströmende Wind wird zum Herrn, die eingeschlossene Luftsäule zum Diener. Die Tonhöhe wird einzig durch den Bau der Zunge bestimmt, ist aber unabhängig von den Maßen der Röhre und kann daher nicht durch Grifflöcher verändert werden. Die Röhre mit ihrem Luftinhalt ist nichts als ein zur Not entbehrlicher Resonator — »Aufsatz« in der Orgelsprache —, der den Klang durch Verstärkung gewisser Obertöne abrunden und veredeln soll. Dem Beschauer kann als ein ziemlich sicheres Kriterium das Vorhanden- oder Nichtvorhandensein mehrerer Grifflöcher an die Hand gegeben werden; im Bejahungsfall

[1] Schrank 58.

hat er eine Schalmei vor sich, im Verneinungsfall eine Durchschlagzunge mit Aufsatz.

Diese besondere Art hat ihre klassische Verkörperung in der Form eines ausschließlich ostasiatischen Instrumentes gefunden, das am bekanntesten unter dem Namen *Šên* — fast immer fälschlich *tscheng* geschrieben — ist und das im 18. Jahrhundert dem europäischen Instrumentenbau die durchschlagende Zunge gegeben hat. Chinesische Quellen selbst versichern, daß die »Mundorgel« zur Zeit der »großen Einigung«, also etwa um 1300 n. Chr., vom Ausland eingeführt worden sei [1], und alle Wahrscheinlichkeit spricht dafür, daß als Vaterland das nördliche Hinterindien anzusehen ist.

Die ursprünglichste Form hat sich wohl bei den Eingeborenen des Chittagong-Distrikts oben im ostbengalischen Bergland, den Mro und Kumi, erhalten. Ein wertvolles Stück der Berliner Sammlung zeigt deutlich die Anfänge. Die Zunge, die leider weggebrochen ist, sit..t in der Mitte einer mannshohen Bambusröhre; ein übergestreifter Flaschenkürbis schließt die Zunge ein, dient ihr als Windkammer und läßt sich durch ihren Hals leicht anblasen [2]. Wahrscheinlich hat man ganze Sätze abgestimmter Einzelzungen mit Aufsätzen gehabt und ihre Bläser zu Chören vereinigt, ähnlich wie wir es bei den »verteilten« Xylophonen, Gongs und Panflöten gesehen haben.

Dann ist man dazu geschritten, diese Einzelzungen zu Zungenspielen zu verbinden und einem einzigen Spieler zu überlassen. Bei der so geschaffenen typischen Mundorgel sind die Aufsatzröhren mit je einer abgestimmten Metallzunge nahe dem einen Ende in einen gemeinsamen Flaschenkürbis oder eine ihn ersetzende Windkammer geklebt, so daß alle gleichmäßig vom Atem des Spielers gespeist werden. Um nun das gleichzeitige Erklingen aller Zungen zu verhindern, ist in jedes Aufsatzrohr ein Loch gebohrt worden; dieses muß mit dem Finger verschlossen werden, wenn die zugehörige Zunge tönen soll. Die physikalische Funktion des Loches ist bisher noch nicht untersucht worden; möglicherweise handelt es sich um eine empirisch gefundene Interferenzerscheinung.

Die indischen Zungenspiele lassen sich zwanglos in zwei Gruppen teilen, eine ältere im nördlichen Hinterindien, bei den kambojanischen Aboriginern und auf Borneo und eine

---

[1] A. C. Moule, A List of the Musical and other Sound-Producing Instruments of the Chinese, in Jour. North-China Branch R. A. S. 1908, vol. XXXIX, p. 95.

[2] Schrank 20.

jüngere ausschließlich in Lâo. Bei der älteren ist ein kleiner Flaschenkürbis mit gebogenem Hals als Windkammer benutzt. In der Südzone, Kamboja (moï *mbott*) und Borneo (dâyak. *eñkĕrûrai*, *kläddi*, dusun. *garude*, kayan. *kĕlúrai*) [1], sind die Bambusröhren als Bündel eingesteckt. Eine borneotische Spezialität ist die klangverstärkende Bambus- oder Schneckenkappe auf der langen, als Bordun mitklingenden Mittelpfeife [Abb. 109]; im Norden der Insel und bei den

Abb. 109. Borneotisches Zungenspiel. 1 : 11.

Abb. 110. Zungenspiel von Chittagong. 1 : 11.

Abb. 111. Laotisches Zungenspiel (*khën*). 1 : 11.

Dusun kommen Stücke vor, die nicht einmal Seitenlöcher haben und die Deckung der Endöffnungen verlangen [2].

Im nördlichen Hinterindien sind die Röhren nicht zu einem Bündel zusammengefaßt, sondern auf zwei auseinanderstrebende Reihen verteilt [Abb. 110]. Die Museumsexemplare von den Mro und Kumi im Chittagong-Distrikt — alle Kuki-Völker haben das Zungenspiel [3] — und von den Âbar

---

[1] Schrank 69. — C. Bock, Unter den Kannibalen auf Borneo, p. 249, Abb. Taf. 19, Fig. 1—3.

[2] Burbidge, The Gardens of the Sun, London 1880, p. 178. — Exemplare namentlich im Veitchian Museum zu Chelsea.

[3] Schrank 20. — J. Shakespear, The Lushei Kuki Clans, London

im südlichen Šan-Gebiet zeigen diese typische Form. Weiter nach Osten hin, im nördlichen Lâo, herrscht die gleiche Form mit der Variante, daß die Pfeifenenden jenseits der Kalebasse wieder herauskommen.

An diese nordlaotische Gruppe knüpft offenbar das reife, mittel- und südlaotische Zungenspiel *(khĕn)* an, das unter der Bezeichnung »Laosorgel« gut bekannt geworden ist und in seiner Weise einen Höhepunkt bedeutet, wie für den Bündeltypus das chinesische Šêṅ [Abb. 111]. Der Bau ist ungleich leichter, eleganter und sorgfältiger; statt der Kalebasse dient als Windkammer ein kleines, oft reizvoll gedrechseltes Holz- oder Elfenbeinfäßchen, und statt der plumperen, knotigen Bambuspfeifen durchbohren schlanke Schilfrohre den Bauch des Fäßchens. Auch hier kommen die Unterenden jenseits der Windkammer heraus; aber die beiden Reihen streben nicht mehr auseinander; sie legen sich glatt zusammen, so daß die Pfeifen in abnehmender Größe in zwei Schichten wie bei einer zweireihigen Panflöte aufeinanderliegen [1]. Es sollen Stücke bis zu zwölf Fuß Höhe vorkommen [2].

Unter der großen Fülle der Blasinstrumente, die an unserem Blick vorübergezogen sind, unter den Flöten wie unter den Schalmeien, befindet sich eine sehr große Zahl von Doppelinstrumenten: zwei gleiche oder ähnliche Flöten oder Schalmeien werden von demselben Spieler gleichzeitig gespielt, sei es, daß sie konstruktiv völlig getrennt oder zu einem einzigen Instrument verbunden sind. Dieser Typus ist schon in babylonisch-assyrischer Zeit in Westasien nachgewiesen und wird von dort aus nach Indien gekommen sein. Der einzige frühindische Beleg — auf einem Relief des Hains zu Sanchi in Zentralindien aus dem ersten nachchristlichen Jahrhundert — zeigt ihn, in Form zweier divergierender Röhren, innerhalb einer Musikantengruppe, die offenbar fremdländisch, wahrscheinlich kabulisch, also westasiatisch ist. Bei der Betrachtung solcher Gebilde entsteht naturgemäß die Frage, in welcher Weise der Spieler die zugelassene, ja gebotene Zweistimmigkeit ausnutzt, und die Frage gewinnt hier wie bei den gleichartigen Auloi des griechischen Altertums ein um so größeres musikgeschichtliches Interesse, als

1912, p. 28. — Peal, in I. A. J. vol. XXII p. 244. — T. H. Lewin, The Hill Tracts of Chittagong, 1869, p. 87.

[1] Schrank 59.

[2] P. A. Thompson, Lotus Land, London 1906, p. 164. — Vgl. auch Warrington Smyth, Five Years in Siam, 1898, I 200. —

die Anfänge der Mehrstimmigkeit für Europa immer noch tief im Schatten liegen.

Das gleichzeitige Blasen zweier Instrumente kann rein klanglich ausgenutzt werden, indem jedesmal auf beiden der gleiche Ton genommen und der schärfere, vibrierende Klang, der sich aus den kleinen Stimmungsdifferenzen beider Röhren ergibt, als besondere Wirkung angestrebt wird. Unser Harmoniumregister Äolsharfe ist nach diesem Prinzip gebaut. Man kann zweitens aus der Doppelung harmonisches Kapital schlagen, dadurch, daß man die Melodie etwa in Terzen oder Sexten vorträgt. So war es bei der neueren europäischen Akkordflöte. Drittens wäre zur Not eine kontrapunktische Ausbeutung denkbar; man könnte auf beiden Instrumenten gleichzeitig verschiedene, zusammen passende Melodien spielen.

Von all dem ist bei exotischen Doppelinstrumenten keine Rede. Der Spieler wählt seine Tonart und verstopft mit Wachs auf der Begleitpfeife alle Löcher außer dem des Grundtons. So klingt denn dieser unveränderlich während der ganzen Dauer des Stücks als Fundament durch, wie die Ebene, über der sich die Linie einer Hügelkette schwingt. Überall in Indien wie in ganz Asien ist dieses Bordunieren heimisch. An vielen Orten — wir sahen es bei den indischen Oboen — findet man noch eine zweite Brummstimme in der Quinte des Grundtons zwischen Baß und Melodie eingeschaltet; damit sind die beiden Grundpfeiler der abendländischen Harmonik gegeben. Man braucht nicht lange zu suchen, um Stammverwandte dieser indischen Doppelinstrumente in Europa zu finden; Osteuropa, Sardinien, die baskischen und die keltischen Länder liefern markante Beispiele. Die Drehleier, deren streichendes Rad zu den Melodiesaiten zwei oder vier in Grundton und Quinte gestimmte Saiten unausgesetzt mitnimmt, und die Sackpfeife mit ihren unveränderlich durchklingenden »Stimmern« sind unter ihnen am meisten gekannt und verbreitet. Sie ragen in die moderne Zeit als lebendige Zeugen einer Tausende von Jahren alten Überlieferung herein und künden uns in einer halb vertrauten, halb fremdartigen Sprache die Abstammung aus dem Orient. Dem besonderen Reiz dieser Sprache hat sich auch die Kunstmusik nie entziehen können; seit den Tagen Andreas Hammerschmidts, über Beethovens Pastorale und Berlioz' Haraldsinfonie hinweg bis zur Gegenwart haben sich unzählige Werke europäischer Musik das schlichte Bordunieren zu eigen gemacht. Ja, in der Form des Orgelpunkts hat die neuere Harmonik die altorientalische Praxis kanonisiert und sie zum eindrucksvollsten Steigerungsmittel der modernen Musik ausgestaltet: die gewaltig über liegenden Bässen aufgetürmten

Akkordfelsen im Eingangschor der Matthäuspassion, in der Einleitung der Brahmsschen Cmoll-Sinfonie und im Kirchenschluß der Meistersinger sind nichts anderes als okzidentale Weiterbildungen jener Musik, die seit uralten Zeiten den Doppelflöten und Doppelschalmeien Indiens und des ganzen Orients entklingt.

Trompeten.

Den Schalmeien, deren Windzufuhr durch eine Zungenvorrichtung periodisiert wird, folgen die Trompeten, die einer entsprechenden Vorrichtung bedürfen, selbst aber eine Zunge nicht besitzen. Der Bläser bildet mit seinen angespannten Lippen ein Paar Gegenschlagzungen, und das Instrument gibt bestenfalls nur ein kessel- oder trichterförmiges Mundstück, das den schwingenden Lippen Halt und Sicherheit geben soll. Der Klang hat im Piano etwas Dunkel-Sammtenes, im Forte metallischen Glanz.

Der Mensch hat, wie es scheint, das Geheimnis des Trompetentons an den großen Seeschnecken entdeckt. Es läßt sich gut vorstellen, daß der primitive Mensch, um zum Genusse des eingeschlossenen Tieres zu gelangen, die Spitze abbrach oder nahe der Spitze ein Loch einbohrte und durch Einblasen den zerrenden Fingern nachhalf. Dabei ist dann durch das Anspannen der Lippen leicht eine periodische Unterbrechung des Windes hergestellt, und die im Spiralgang des Gehäuses eingeschlossene Luftsäule mußte einen starken, durchdringenden Ton hergeben.

In allen südlicheren Weltteilen haben einst die Schnecken als Musikinstrumente gedient. Die altamerikanischen Kulturvölker haben sie ebenso verwendet wie die europäischen Mittelmeernationen des Altertums, und heute noch bläst sie der Pferdehirt der französischen Provence gleich den Madagassen, den Indern, Tibetern, Ostasiaten, Malaien und Südseeinsulanern.

Ihrer Natur nach ist die Schneckentrompete — nicht Muscheltrompete, wie fälschlich gesagt wird — ein Signalinstrument; denn ihre anomale Bohrungsform gibt nur einen einzigen Ton her. Als solches steht sie bei den Völkern des malaiischen Archipels in hoher Gunst. Die typische Form dieser indonesischen Trompete, der einzigen fast, die auf den Inseln vorkommt, ist ein großes *Tritonium variegatum*, dem man ein Anblasloch seitlich nahe dem Apex eingebohrt hat.

Für den Bewohner Vorderindiens ist sie freilich längst kein profanes Signalwerkzeug mehr, nicht einmal ein Hochzeits- oder — außer bei der Śûdra-Kaste [1] — Leichenfeier-instrument, wie noch am Anfang unserer Zeitrechnung bei den Tamiḻ [2]. Seine kleine Schneckentrompete (sanskr. beng. kann. *śaṅkha* [spr. schanka], pâlî *saṅkho*, *saṅkhaṃ*, prâkṛit *saṅkha*, hind. *saṅkh*, marâṭhî pañj. *śaṅkh*, tulu *śaṅka*, malayâḷam *śaṅkhu*, *śaṅkham*, telugu *śaṅkhamu*), in der Regel aus der schlanken, weißen *Turbinella rapa* durch Abtragen der Spitze und durch Polieren und Gravieren der Oberfläche gewonnen — gelegentlich wird ein Kesselmundstück wie in Japan, Gold- und Silberschmuck [3] und ein Federbusch hinzugetan — ist ein reines Tempelinstrument, das nur im Dienst der Götter steht [Abb. 112]. Von den Göttern kommt sie ja, freilich nicht nur in ihrer Eigenschaft als Tonwerkzeug, sondern öfter noch als Opferschale: Parâparavastu, die Inkarnation des Allgottes, die Schutzgöttin Čâmundâ, Višṇu und die Višṇudûta's, die Gesandten, die die Seelen der Višṇu-Verehrer holen, halten sie in der Hand; die Višṇu-Anbeter selbst malen sie als Abzeichen auf ihren Arm, und Lakšmî, desselben Gottes Gemahlin, hat *śaṅkha* als zweiten Namen. Pârvatî, im Kampf mit dem Riesen Mahiša-asura, haut ihren Feind nieder; aber aus dem Blut entstehen andere Riesen. Auf ihr Gebet schickt ihr Višṇu den Śaṅkha; der saugt das Blut auf, und Pârvatî wird Herr über ihren Gegner [4]. So besiegte einst Triton die Giganten mit der Schneckentrompete. Tiere verzaubert sie und Götter ruft sie herbei [5]. Śiva selbst wird am Ende aller Zeiten beim großen Weltbrand in den Śaṅkha stoßen, so wie Heimdal beim Muspili, der großen Götterdämmerung, in das Giallarhorn und wie die Engel am Jüngsten Tag in ihre Posaunen. Denn der Weltzusammenbruch ist der letzte, schwerste Kampf der Lichtgötter gegen die Mächte der Finsternis;

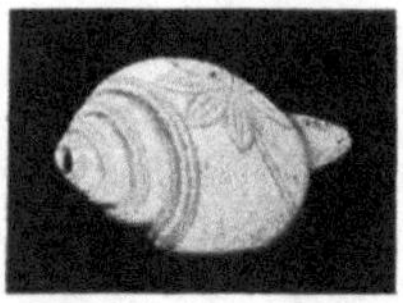

Abb. 112. Vorderindische Schneckentrompete (*śaṅkha*). 1 : 6.

---

[1] J. A. Dubois, Hindu Manners, Customs and Ceremonies, 1897, II 503.

[2] Chilapp-athikaram. — V. Kanakasabhai, The Tamils eighteen hundred years ago. Madras and Bangalore 1904.

[3] G. C. M. Birdwood, The Industrial Arts of India (South Kensington Museum Art Handbooks), London (1880), II 67. — Eine Abbildung auf pl. 39 von Permanent Photographs of Madras and Burmese Art-ware, London 1886.

[4] B. Ziegenbalg, Genealogie der malabarischen Gottheiten, Madras 1867, p. 27, 35, 91, 123, 176, 177, 239.

[5] R. C. Temple, The Folklore in The Legends of the Panjab, Indian Antiquary XXIX, 1900, p. 92.

da wird der furchtbar eherne Klang der Himmelstrompeten laut, um den Feind zu schrecken und fernzuhalten.

Und auch auf Erden wehrt die Trompete gleich der Glocke den bösen Dämonen. Nicht das einfache, kaum bearbeitete Kuhhorn (sanskr. [*go-*]*śṛṅga* [spr. schrínga], pâlî *siṅgaṃ*, prâkṛ. *siṅga*, beng. *siṃhâ*, *śiṅgâ*, hind. *sîṅg*, bhoȷpurî *siṅgâ*, tirhutî *singh*, santâlî *sakvâ*, *dereng*, guȷ. *śîṅgum*, gā̃ro *sringa*, kann. *śṛiṅgi*, malay. kann. *kombu*, khâṇḍå *tuda*, kotar *kôbe*), das in Vorderindien wie in der ganzen indischen Welt nur friedlichen oder kriegerischen Signalzwecken dient [Abb. 113], wohl aber die kupfernen und bronzenen Instrumente, die sich ihnen und den Schnecken in jüngerer Zeit beigesellt haben.

Abb. 113. Horn der Khâṇḍå (*tuda*). 1 : 11.

Wenn beim Tode eines Angehörigen der Śûdra-Kaste vom Augenblick des Verscheidens bis zum Abschluß der Totenfeier zwei Tuben, die eine auf *gis*, die andere auf *b*, unverändert und unaufhörlich sich ablösen [1], so ist der schauerlich durchdringende Klang keine Totenklage, sondern ein Schreckungsmittel zur Abwehr der bösen Dämonen, die sich der Seele des Verstorbenen bemächtigen wollen, ganz genau wie die Glocke, über die wir ja schon gesprochen haben, die Funktion eines Schutzinstruments hat.

Abb. 114. Nepalische Tuba. 1 : 11.

Diese Tuba, d. h. ungekrümmte Trompete, ist unter den metallenen die eigentliche Sakraltrompete, wie die ihr verwandten Typen Griechenlands, West-, Zentral- und Ostasiens [Abb. 114]. Die Brahmanen sehen in ihr das älteste Musikinstrument der Welt und behalten ihren Gebrauch sich selbst oder höchstens den Priestern der Hindûtempel vor. Daneben wird die Tuba im Gefolge von Fürsten hohen Ranges geblasen; andern Personen ist ihr Gebrauch untersagt [2]. Es ist hier wieder ein Beispiel für die durchgehende Gleichbedeutung der musikalischen Instrumente. Genau dieselbe Beschränkung hat unsere europäische Trompete bis ins 19. Jahrhundert hinein, bis zur Proklamierung der Gewerbefreiheit erlitten. Nur Angehörige einer besonders privilegierten Zunft mit Offiziersrang durften sie blasen, und nur im Dienst regierender Fürsten und Freier Reichsstädte durfte ihr Ton er-

[1] Dubois l. c.

[2] Proceedings Royal Irish Academy vol. IX part I.

klingen. Die Sakralkunst der Inder hat sie dem Windgott Vâyu (Vâta) in die Hand gegeben[1].

Die indischen Namen der Tuba (sanskr. beng. *karaṇâ*, hind. *qárnâ* [dimin. *qarnâî*], tamiḻ *karṇâ*, marâṭhî *karṇâ*, kannar. *karaṇĕ*) gehen mit arabisch *karnâ*, *qarnâ*, *qarn*, mit griech. κέρας, lat. *cornu*, kelt. *corn*, got. *haurn*, gemeingerm. *horna* und alt-., mittel-, neuhochdeutsch, altnord., angelsächs., engl., altfries. *horn* zusammen. Die Form *karaṇâ* ist aber wohl erst mit dem Instrument von Westasien hereingekommen; das altindische Stammwort dürfte das bereits genannte *śṛṅga* sein.

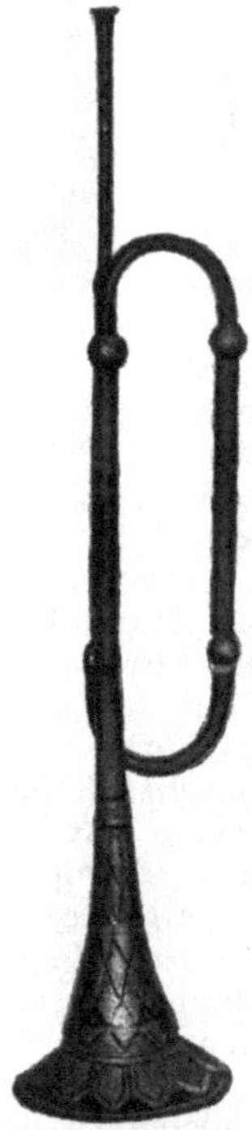

Abb. 115. Vorderindische Trompete (*túrya*). 1:11.

Nicht ganz so hoch wie die Kaste der Tuba ist die der einwindigen Trompete (sanskr. *tûrya*, pâlî *turiyaṃ*, prâkṛit *tûra*, hindûst. *bheṛ(î)*, *turaî*, *turturî*, mârvâṛî *gâdar*, beng. *tûrî*, pañj. *turî*, telugu *bhuri*, *tuttârâ*, kannar. *tutûri*, marâṭhî *tutârî*, malay. *tûryam*); aber auch sie ist im wesentlichen ein gottesdienstliches Instrument; ihr Klang soll vor allem die Witwenverbrennung begleitet haben [Abb. 115]. Ihre Form entspricht genau der der neueren europäischen Signaltrompete, wie sie seit dem 15. Jahrhundert die alte S-förmig gewundene Feldtrompete ablöste. Auch die Teilungsknöpfe zwischen Stangen und Bügeln und der nur wenig ausladende Schallbecher mit seinem Schutzbeschlag fehlen nicht. Einzig der konische Röhrenanfang und die allen indischen Blechtrompeten eigene Dünnwandigkeit unterscheiden sie. Die Ähnlichkeit ist so schlagend, daß jeder Beobachter sich mit der Verwandtschaftsfrage beschäftigen muß. Es scheint, daß überall, wo das bisher in der Literatur geschehen ist, die europäische Trompete von der indischen abhängig gemacht worden ist. Dagegen muß aber eingewendet werden, daß die Form bei uns schon im 15. Jahrhundert, also lange vor der Entdeckung des Seewegs nach Ostindien, in Europa auf Malereien und Bildwerken belegt ist. Gegen eine umgekehrte Beziehung spricht wieder die Erfahrung, daß — von einigen törichten Rückbildungen moderner Ventilinstrumente auf den

[1] Vgl. W. J. Wilkins, Hindu Mythology, Calcutta 1882, Fig. p. 55.

Philippinen[1] abgesehen, die Asiaten sich niemals veranlaßt sahen, unsere Trompeteninstrumente nachzuahmen; bei einem Zeremonialinstrument hätten sie das sicher am allerwenigsten getan. Es bleiben dann nur zwei Möglichkeiten offen: entweder der »Völkergedanke«, die unabhängige Erfindung hier wie dort, oder die Einfuhr der indischen Form durch Vermittlung der Handelsvölker, die im späten Mittelalter orientalische Waren importierten.

Abb. 116. Horn der Kotar (*kôbe*). 1 : 11.

Die letzte in der Rangordnung der Metalltrompeten ist die Krummtrompete [Abb. 116] aus zwei derart beweglich miteinander verbundenen Kreissegmenten, daß durch Drehung nach Belieben ein Halbkreis oder — seltener — eine S-Form hergestellt werden kann[2]. Es ist der über ganz Vorderindien verbreitete *Raṇaśṛṅga* (»Kriegshorn«; beng. *raṇasiṃhâ*, *raṇaśiṅgâ*, hind. *narsiṅgâ*, gujarâtî *raṇasîṅgaḍuṃ*, *raṇasîṅguṃ*, *gaḷa*, tamiḻ *ekkâḷam*, *kâḷam*, *kâkaḷam*, *kâḷakam*, kannar. *kahaḷĕ*, malay. *kâhaḷam*, kotar *kôbe*, badaga *koḍu*, *kombu*, telugu *kommu*).

Abb. 117. Nepalesische »Schlangentrompete« (*nagbhiṅ*). 1 : 11.

Eine Reihe anderer Trompetenformen, wie sie namentlich in Nêpâl vorkommen, bedarf eines näheren Eingehens an dieser Stelle nicht. Nur im Vorübergehen sei des *Kaha*

[1] Gute Beispiele in der Crosby Brown-Collection des Metropolitan Museum of Arts zu New York.

[2] Schrank 19.

[3] Schrank 5.

gedacht, einer geraden, kaum erweiterten Kupfertuba mit dem breitrandigen, flachen Mundstück der chinesischen Trompeten, des *Kabača*, einer Tuba ohne Schallbecher, und des *Nâgbhiň* [Abb. 117], eines schlangenförmigen Kupferhorns in der Art des europäischen Serpent, mit dem es ja auch den Namen teilt[1]. Seine Mündung in Form eines Tiermauls, die uns in ähnlicher Weise schon bei Oboen von Java und Bali begegnete, kommt bereits früh in Indien vor. Auf einem der Reliefs im Hain zu Sanchi (Zentralindien) aus dem ersten nachchristlichen Jahrhundert[2] blasen zwei fremde, wahrscheinlich kabulische Musikanten lange Trompeten, die kurz unter dem Mundstück abbiegen, eine Weile gerade verlaufen und in einem offenen, scharf zurückgebogenen Tierrachen endigen. Kenner des alteuropäischen Musikinstrumentariums werden sich dieses charakteristischen Trompetenschallstücks erinnern: es ist das Kennzeichen der keltischen Karnyx[3].

Aus Gründen, die heute noch im ungewissen liegen, besitzen Hinterindien und Indonesien keine Metalltrompeten. Selbst Indochina, das sonst fast das ganze Instrumentarium Chinas übernommen hat, entzieht sich dem Gebrauch des La pa und des Ča kiao. Auch Trompeten aus Tierhörnern gehören hier wie dort zu den Seltenheiten, und die Schneckentrompete scheint innerhalb Hinterindiens nur in Lâo vorzukommen[4].

Ob vielleicht oben irgendwo bei den aborigenen Bergvölkern der hinterindischen Nordgrenze sich noch der eine oder andere Trompetentypus findet, ist bei unserer mangelhaften Kenntnis dieser interessanten, kulturgeschichtlich so ergiebigen Gegenden unsicher. Es ist immerhin nicht unwahrscheinlich, da wir nach dieser Richtung hin von den Kukistämmen in Nordbengalen etwas wissen. Die alten Klans verbinden eine vier bis fünf Fuß lange Bambustuba mit einer als Schallbecher zugeschnittenen Kalebasse[5]. Die Kombination einer natürlichen Röhre mit einem natürlichen Schallbecher (Kürbis oder Tierhorn) ist nicht ungewöhnlich; Ostafrika z. B. verwertet sie in weitem Umfang, und morphologisch übereinstimmende Typen wie der alte römische Lituus und die keltische Karnyx setzen sie als Urbild voraus. Sie

---

[1] Schrank 19.

[2] Fergusson l. c. plate XXVIII fig. 1.

[3] Curt Sachs, Lituus und Karnyx, in Liliencron-Festschrift, Leipzig 1910, p. 241 ff.

[4] Eine laotische Schneckentrompete mit einem divergierend-konischen Metallröhrchen als Mundstück befindet sich im Musée Guimet zu Paris (Nr. 9619).

[5] J. Shakespear, The Lushei Kuki Clans, London 1912, p. 28.

liegt zu nahe, als daß man einstweilen das Recht hätte, aus ihr ethnologische Schlüsse zu ziehen.

Die Lušai, ebenfalls ein Kukistamm, schachteln Bambussegmente von verschiedenem Durchmesser ineinander und erhalten auf diese Art eine einfache konische, klanglich bedeutend ergiebigere Tuba[1]. Wie so oft, hat auch in diesem Fall die Findigkeit des primitiven Mannes die modernsten Gedanken vorweggenommen: vor ein paar Jahren hat Gustav Gnädig in Berlin ein Patent auf eine teleskopartig aus zylindrischen Stücken von verschiedener Dicke zusammengesetzte Trompete erhalten. Daß sich hier wieder ein besonders archaischer Typus mit einem der modernsten europäischen Gedanken berührt, ist ein letztes Beispiel für die unendliche Fruchtbarkeit des indischen Kulturbodens, auf dem wir immer von neuem uns selbst und unsere Kultur wiederfinden.

---

[1] Ebenda.

Exkurse zur Beschreibung der indonesischen Metallophone, Gongs und Gongspiele.

Saron.

Es gibt fünf Arten von Sarons:

Tjĕlúriṅ,
Sĕlĕnto oder *pĕkiṅ* (zweigestrichene Oktave),
Saron (eingestrichene Oktave),
Dĕmuṅ (ungestrichene Oktave),
Slĕṇṭĕm (große Oktave).

Das Saron tjĕlúriṅ hat statt der Stäbe Glocken, das seltene Saron slĕṇṭĕm Platten mit Buckeln.

Namen der Teile:

Platte *vilah*,
Resonanztrog *grobógan*,
Isolierring aus Rôtaṅ unter der Platte *tavúnan*,
Schlägel *tábuh*.

Übersicht der wichtigsten Gongarten[1].

Java.

Goṅ, das große Gong, oft einen Meter im Durchmesser, in der üblichen javanischen Form mit Buckel und Rand.

Kĕmpul, Gong mittlerer Größe — etwa einen halben Meter im Durchmesser, mit Buckel und Rand.

Bĕṇḍé, kleines Gong mit Buckel, für den Gamĕlan pèlog.

Bèri, kleines Gong für den Gamĕlan salèndro, ohne Buckel.

Kĕnoṅ, die größere, kräftiger profilierte, »männliche« der beiden im Bonnáṅ verwendeten Arten; im Gamĕlan salèndro werden deren 3, im Gamĕlan pèlog 4 an einen Galgen gehängt.

Kĕmpjaṅ, die Vereinigung zweier Kĕnoṅ auf einem Gestell im Gamĕlan pèlog.

---

[1] Über ihre Herstellung vgl. E. Jacobson & J. H. van Hasselt, De Gong-Fabrikatie te Semarang.

Kĕṭuk, die »weibliche«, kleinere, schwächer profilierte der beiden im Bonnáṅ verwendeten Arten. Schlägt bei Wajanggefechten im anapästischen Rhythmus.

Borneo.

Goṅ, das große Gong ohne oder mit flachem Buckel.

Tawak, großes Gong mit halbkugeligem Buckel; südöstlicher Name *garantoṅ*.

Canaṅ, Gong mittlerer Größe mit halbkugeligem Buckel, häufig reich ornamentiert.

Kromoṅ, kleines Gong mit halbkugeligem Buckel, zu 7 oder 8 zusammen als Gongspiel verwendet.

Bonnáṅ.

Der vollständige Gamĕlan hat drei Bonnáṅs, die um je eine Oktave voneinander abstehen. Es sind:

I. *Pĕnĕrus* (zwei- und dreigestrichene Oktave),
II. *Baruṅ* (ein- und zweigestrichene Oktave),
III. *Pĕnĕmbuṅ* (un- und eingestrichene Oktave).

Die Gongs liegen stets in zwei parallelen Reihen nebeneinander, deren jede eine Oktave umfaßt; die höhere ist zunächst dem Spieler. Die Bonnáṅs des Gamĕlan salèndro haben 10, die des Gamĕlan pèlog 14 Gongs. Diese sind nicht leitermäßig angeordnet, sondern so, daß die eigenartige Folge in beiden Reihen in umgekehrter Richtung verläuft.

Salèndro:	2	1	5	4	3		
	3	4	5	1	2.		
Pèlog:	7	1	5	4	3	6	2
	2	6	3	4	5	1	7.

Namen der Teile:

Gestell *rantjakan*,
Gong *bonnáṅ* oder
vaṅun lanaṅ (das höhergebaute »männliche«),
vaṅun vadon (das tiefergebaute »weibliche«),
Gongbuckel *pĕntju*,
Schlägel *tabuh*.

Übersicht der festen Saitenstimmungen.

[Alle diese Stimmungen sind relativ.]

Kairâta vîṇâ:

Mahatî vîṇâ:

Südindische Vîṇâ:

Pañčhama śruti

Madhyama śruti

Tăkhè:

Cai dan thap luc:

Kâtyâyana-vîṇâ (Kanuna):

usw.

Kšudrâ kâtyâyana-vîṇâ:

Kĕtjápi: wohl immer Salèndrostimmung.

Tjĕlĕmpuṅ: je nach dem Gamĕlan Salèndro- oder Pèlogstimmung.

Tro khmer:

Cai ñi, jav. Rĕbâb:

Sârindâ, Čikârâ:

Sâraṅgî, Saṃyôgî:

Rebâb (p. 121):
Śaradîyâ vîṇâ:

Rudra-vîṇâ:

3saitiger

4saitiger

5saitiger } Sitâr:

6saitiger

7saitiger

Karnâṭak-sitâr:

Surśṛṅgara (p. 125 Anm. 1):

Esrâr usw.: verschieden.

Tumburu-vîṇâ:

Âlâbu-sâraṅgî:

Sursaṅga:

Cai dan ty:

[?]

Cai dan ṅuyet:

Čapey thom:

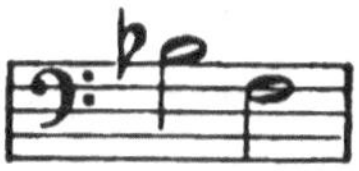

Register.

Alphabetische Anordnung nach den Grundsätzen der Preußischen Bibliotheksinstruktion.

Der früher mit Ç umschriebene palatale Zischlaut ist hier mit Ś transkribiert.

MIX
Papier | Fördert gute Waldnutzung
FSC® C083411

Kolibri 360 GmbH
Ferdinand-Jühlke-Straße 7
99095 Erfurt, Deutschland
produktsicherheit@kolibri360.de